実践で学ぶ〈生物多様性〉

鷲谷いづみ

はじめに……2
1 生物多様性の危機……5
2 生物多様性から学ぶ・活かす……17
3 消費者としての実践と持続可能な農業……29
4 持続可能な未来のための
自然環境学習と市民科学……43
5 持続可能な地域社会を築く「自然再生」……57

表紙イラスト・掃部千鶴

岩波ブックレット No. 1015

はじめに

「生物多様性」とは「生物が分化・分岐してさまざまに異なること。種だけでなく遺伝子・生態系の多様性も包括する概念」です(『広辞苑第七版』より)。１９９２年、国際連合(国連)において、生物多様性の国際的な保全のために「生物多様性条約」が採択されました。条約の主な目標は「生物多様性の保全と持続可能な利用」です。

２０１５年には「国連持続可能な開発サミット」で、２０３０年を目標年として「持続可能な開発目標(Sustainable Development Goals, ＳＤＧｓ)」が採択されました。ＳＤＧｓは17の目標(次ページ図)と１６９の具体目標(ターゲット)で構成されています。そのうち、目標12「つくる責任・つかう責任＝持続可能な生産消費形態を確保する」と目標14「海の豊かさを守ろう＝持続可能な開発のために海洋資源を保全し、持続的に利用する」と目標15「陸の豊かさも守ろう＝陸域生態系の保護・回復・持続可能な利用の推進、森林の持続可能な管理、砂漠化への対処、並びに土地の劣化の阻止・防止及び生物多様性の損失の阻止を促進する」が、とくに生物多様性の保全と持続可能な利用に関連の深い目標です。

わたしたちヒトは、「生態系サービス」に依存して衣食住を満たし、心豊かな暮しを築いてきました。生態系サービスとは、多様な生きものが連携した生態系のはたらきにより生み出され、人間社会に提供される便益です。その豊かさを維持することは、資源をめぐる争いを回避し、平和を維持するためにも重要です。

この地球に生きているあらゆる生物は、40億年ほど前に誕生したごく単純な一つの細胞――共通祖先――の子孫であることが、ＤＮＡ分析からわかっています。その共通祖先から、連綿と命をつなぎながら多様化してきました。しかし、生命の

「誰一人取り残さない」世界を実現するための国連の持続可能な開発目標

豊かさの全容を、わたしたちはまだ十分に把握していません。その前に「豊かさ」が、人間活動の影響により急速に失われつつあるからです。

生物の多様性は「適応進化」に大きく依存しています。適応進化とは、環境が課すさまざまな課題への生物の対応です。特殊な環境には、その環境に適応した生物が暮らしています。たとえば、深海に棲《す》む生物は、浅海の魚介類を見慣れた目からは姿も振舞いも奇妙ですが、暗黒と高い水圧が支配する深海の暮しにはよく合っています。

生物はそれぞれ、さまざまな課題を解決しながら命をつないできました。生物の種ごとの驚くほど多様な形、色彩、行動、生理的な特性は、環境と折り合って生きる生命の「知恵の結晶」です。

ヒトは、古来、生物を衣食住の材料とし、さまざまな生態系サービスに依存して暮らすとともに、身の回りの生物からさまざまなことを学び、また楽しみも得ながら、地域に根ざした文化を育んできました。生物多様性は、物質的な豊かさだけでなく、「知恵袋」として、あるいは「美の源泉」

として、わたしたちの精神的に満ち足りた心豊かな暮しを支えます。

しかし、人間活動の影響により、地域でも地球規模でも、自然豊かな生態系と生物多様性が失われつつあります。物質循環の改変や環境汚染などにより、生態系のはたらきも不健全化し、後の世代が必要とする生態系サービスが持続的に提供されうるかどうか、不確実性が増しつつあるのが現代です。わたしたちの孫やひ孫、さらにはその先の世代が安全で豊かな暮しを送るには、健全な生態系を取り戻さなければなりません。「生物多様性の保全と持続可能な利用」は、そのための目標です。目標に近づくためには、自然の保全と自然再生などの直接の取組みだけでなく、何が問題でどのような行動が必要なのか、認識を深め共有することも重要です。

ヒトの多くが都市で生活するようになり、自分の住む地域の生態系サービスだけではなく、遠く離れた生態系で生み出されたサービスに依存して暮らすようになっています。そんな今日においては、生物多様性や生態系を意識することはあまりなくなりました。生命の「知恵」を学び取る力も衰えています。

生物多様性の保全と持続可能な利用、すなわち「自然との共生」のためには、生物多様性や生態系のはたらきを実感するとともに、共生のための道筋を科学的に探ることも必要です。そのためには、多様な立場の人びとが情報を共有し、認識を一致させるために、その取組みに参加する仕組みが必要です。そのためにも、近未来の市民である子どもたちが学びの機会を得ることには、重要な意味があります。

本書は、拙著『〈生物多様性〉入門』の続編です。問題解決のための理念や問題を概観するとともに、具体的な実践事例を多く紹介します。

1　生物多様性の危機

地球規模でも地域でも、生物多様性の危機が、日々深まりつつあります。この問題を解決するためにはどのような取組みが必要でしょうか。そのことを探るには、ヒトの営みの歴史を振り返り、危機の現状とそれに関わるさまざまな要因を認識することが重要です。

絶滅リスクと持続可能性

１万年ほど前から現在までは、地質時代でいうと完新世です。最近ではこれに代わって「アントロポセン(Anthropocene 人新世)」という名称が提案されています。これは、現代が、人間活動の影響による地球環境激変の時代であることを表しています。２００９年、学術誌『ネイチャー』に、現代におけるとりわけ大きな変化は「種の絶滅のリスク」で測れる生物多様性の喪失であるとする論文が、ストックホルム大学教授で、ＳＤＧｓの基礎となった概念を主導する科学者のヨハン・ロックストロームらによって発表されました。この論文では、多様性を喪失する速度は「地球環境の安全限界」を大きく超えている、と結論しています。

東アフリカで誕生したヒトは、10万年以上前にアフリカを出て世界中に広がり始めました。古生物学や考古学の研究から、ヒトが進出した新天地では、何種もの哺乳類や鳥類の絶滅が起こったことが示唆されています。およそ１０００年前までに、体重10キログラム以上の哺乳動物は１７７種が絶滅したと見積もられています。地球上でもっとも遅くヒトが住み込んだポリネシアの島々では、ヒトの入植後に１０００種ほどの鳥が絶滅したと推測されています。

オーストラリアや南北アメリカで多くの絶滅が起こったのに対して、古くからヒトが住んでいたアフリカやアジアでの絶滅の規模は、それほどでもありません。そのため、ヒトが十分に狩猟能力を高めてから侵入した土地で、多くの動物たちが犠牲になったと考えられています。ヒトが比較的最近になって住むようになったアメリカ大陸では、大型哺乳類（体重44キログラム以上の哺乳類、メガファウナ）に属する動物たちの多くが化石を残して絶滅しました。そのため、哺乳類の体重分布は大きく小さい方に偏ることになりました。**図1-1**には、北アメリカで約258万8000年前から現在までに絶滅した哺乳類の種数と現存する種数を体重ごとに示します。

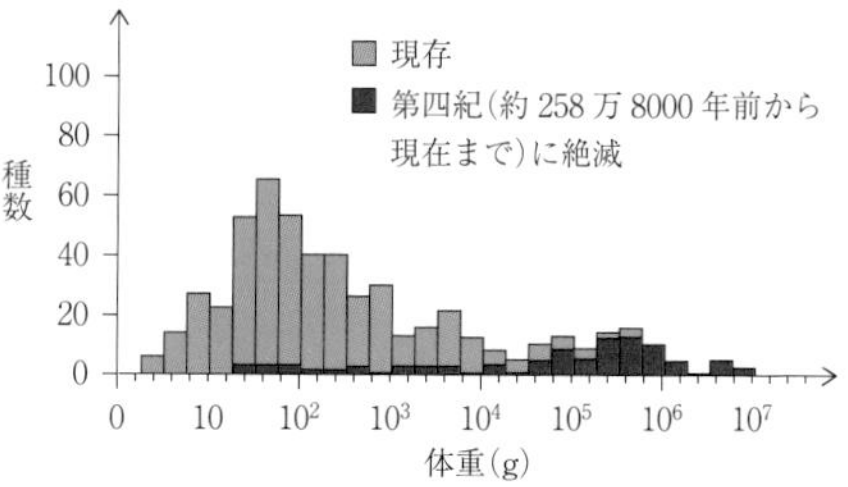

図1-1　北アメリカの哺乳類の体重分布

最終氷河期の終わり（約1万年前）ごろの大型哺乳類の大量絶滅は、気候変動と人間活動の両方の影響を受けた可能性があります。その相対的な大きさをコンピュータ・モデルで検討した最近の研究では、人間活動の影響が相対的に大きかったと結論しています。

1万年前ごろから、ヒトは狩猟・採集だけでなく、農耕・畜産という土地の状態を大きく変える営みを広げました。ヒトがつくった新たな環境と、人間活動に適応した生物は増え、適応できなかった生物は個体数を減らして絶滅したと考えられます。一方で家畜が増加し、産業革命後にその増加は加速しました（**図1-2**）。今では家畜の体重合計が、ヒトと野生の大型哺乳類の体重合計をはるかにしのいでいます。牛肉と乳製品に強く依存する、西欧の食生活がもたらした家畜の飼育数の増加は、人口増加をもしのいでいます。これは、ヒト1人あたりの地球環境への影響の増加を表しているともいえます。

現代の絶滅速度と要因

人間活動の影響がなかった時代の絶滅率（１００万種の生物のうち１年あたり絶滅する種の数）に比べて、現在の絶滅率はその数十倍から千倍以上にも高まっていると見積もられています。

では、なぜ絶滅がわたしたちにとって重大な問題なのでしょう。そのことを論じる前に、人間活動に由来するどのような要因が絶滅リスクを高めているかを概観しましょう。

人間活動が関わる要因は多岐にわたり、しかも複合的に作用して種の絶滅リスクを高めます。その中にあって、わたしたちの食料・生活用品の生産に関わる農業や水産業など一次産業がもたらす環境負荷が主要な要因であることが認識されています。先にあげたロックストロームらの論文（５ページ）でもそのことが強調されています。

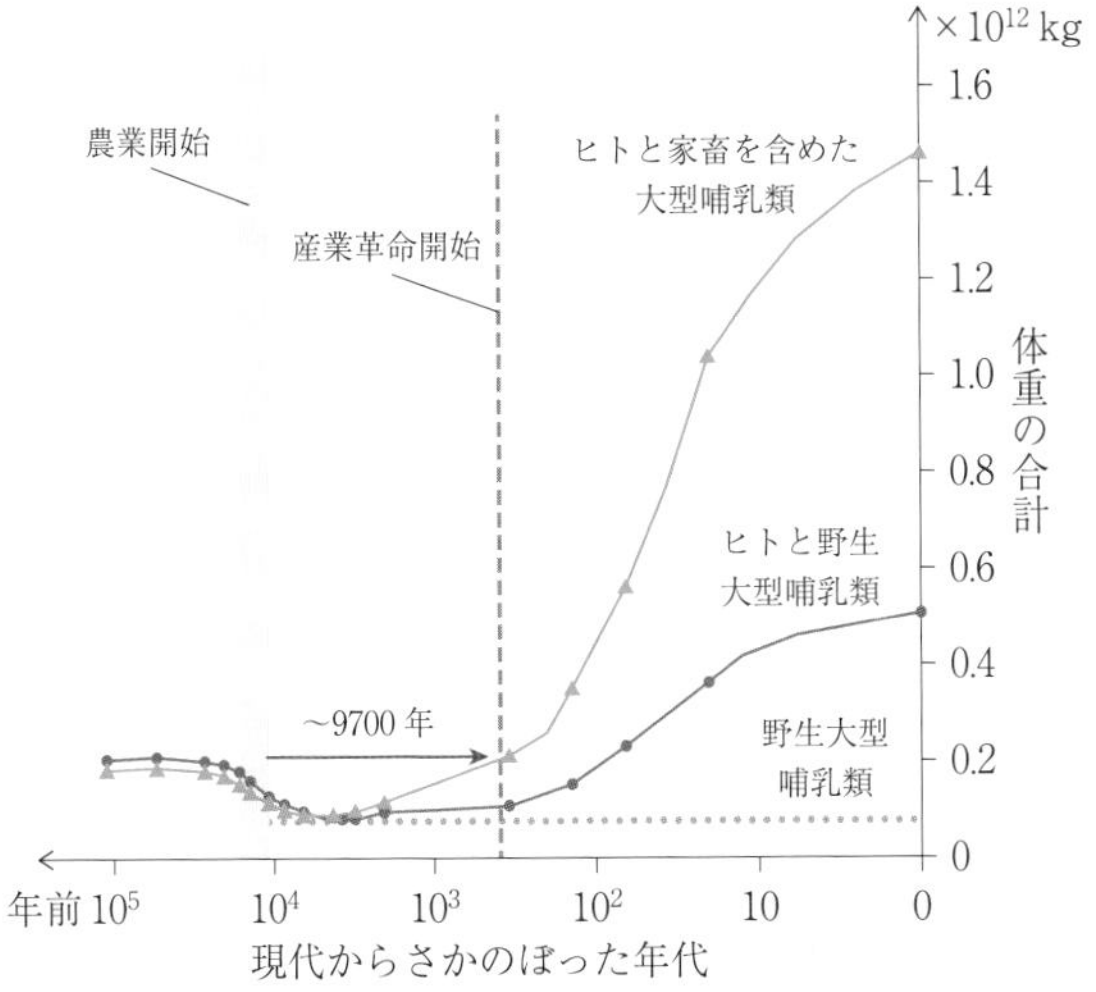

図 1-2　地球全体の大型哺乳類の体重合計推移
（Barnosky，2008 より改変）

漁業による過剰利用――持続不可能な漁業

一次産業は、食料生産のための営みであり食料生産は生命維持に欠かせませんから、持続可能でなければなりません。経済よりも生命維持を優先させるべきです。しかし、残念ながら現在では、そうなっていません。一次産業が多くの種の絶滅リスクを高めているのが現実です。

漁業では野生の魚介類を捕獲します。過剰な捕獲は漁業対象種の絶滅リスクを高め、資源崩壊をもたらします。その危機は世界的に急速に進行しています。

１９５０年に、１７００万艘だった世界の漁船の総数は、２０１５年までに３７００万艘に増えました。しかも、最近では漁船の7割近くが移動能力が格段に大きい動力船になっています。しかし、それに見合った漁獲量の増加があるわけではありません。漁獲努力あたりの漁獲量はむしろ減少しています。

漁業国の多くで漁獲量はかつての5分の1程度まで落ち込んでおり、とくにそれが著しいのはアフリカや東南アジアです。高性能な大型動力船によるトロール漁法によって魚を捕りすぎた結果、資源量を維持できなくなっているのです。

持続的ではない漁業の象徴は、絶滅危惧種としてレッドリストに掲載されている魚種です。国際自然保護連合のレッドリストに掲載されているクロマグロやミナミマグロ、ウナギなどは、いずれも日本人の嗜好がその存続に強い影響を与えています。

ニホンウナギは、人工孵化から育てた成魚が産卵し、その卵をもとにふたたび人工孵化を行う完全養殖の技術が確立していません。グアム島付近の繁殖海域から回遊して、日本にやってくるシラスウナギを採って養殖しています。養殖用のシラスウナギの漁獲量も天然ウナギの漁獲量も、今では１９６０年代の2パーセント程度、もしくはそれ以下にまで落ち込んでいます。

漁獲量の減少は、ニホンウナギの個体群の縮小を反映したものです。それは河川環境の悪化や河川構造物による移動の阻害が、シラスウナギの乱獲と複合的に作用した結果であると考えられ、食文化を脅かす資源崩壊としても深刻です。

農地開発による生育・生息場所の喪失

熱帯雨林は、地球上でもっとも生物多様性の豊かな生態系です。まだ名前がついていない昆虫や未知の昆虫も多く生息しますが、それらを調べるよりもずっと速いスピードで、絶滅が起こっていると考えられます。熱帯雨林の農地としての開発が、急速に進んでいるからです。オランウータンなど、人びとの注目を集める種に加えて、人知れず絶滅する昆虫の減少スピードが大きいことが懸念されています。

東南アジアで絶滅のリスクを高めている主要な原因の一つは、パーム・オイルの原料となるアブラヤシのプランテーションの開発です。パーム・オイルは、食用油としてだけでなく、マーガリン、インスタント食品、スナック菓子、洗剤などの材料として、わたしたちは日常生活で多く消費しています。消費者が環境負荷を意識した購買行動をとることで、その莫大な負の効果を軽減できることは、第3章で述べます。

昆虫の危機と持続不可能な農業

世界的に昆虫の減少が問題になっています。

地球に生息する昆虫のうち、既知の種数は約95万。実際にはそれより何桁か多い種が生息しており、熱帯雨林が今日のように失われる前まではさらに多くが生息していたはずです。昆虫たちに危機が訪れているのは確かですが、現状が把握できているのは、既知種の1パーセントほどに過ぎません。評価された種については、そのおよそ40パーセントが絶滅のおそれがあるとされています。

温帯や寒帯の植物の授粉に重要な役割を果たしているマルハナバチ類は、研究者や愛好家の観察対象として人気があり、現状が比較的よく把握されています。ヨーロッパおよび北アメリカに生息する種の4分の1が、今では絶滅危惧種になっています。

希少種だけが絶滅しやすいわけではありません。過去の絶滅種として有名な北アメリカのロッキートビバッタは、１８７５年ころまでは、移動時に大平原の空を覆い尽くすほど夥《おびただ》しい個体数が生息していました。農業開発によって生息場所が失われると急速に減少し、１９０２年を最後に標本が採られなくなりました。生息数が多い普通種も、人間活動がもたらす「絶滅への圧力」には抗えないことを示す例です。

昆虫の減少に警告を発している研究者の多くが

指摘する主要な要因は、農業に関わるものです。農地開発での生息場所の喪失に加え、殺虫剤、除草剤、殺菌剤など、生物を殺すために使われる農薬の影響が懸念されます。現代の通常の農業は農薬に頼っており、授粉昆虫や、害虫の天敵となるクモなども無差別に殺しています。農地に適応し数の多い害虫は、抵抗性を進化させる一方で、それ以外の昆虫は減少し、地域から姿を消してしまいます。

では、昆虫の減少を抑え、生態系サービスを維持するために何ができるでしょう。農業での実践を第3章で紹介します。

生息・生育場所の喪失・分断・孤立化

陸上には、場所による気候、地形、地質などの違いに応じて、さまざまなタイプの森林、草原、ツンドラなどがみられます。植生は、その場所で暮らす生物の生息・生育環境をつくっており、植生が異なれば、そこで暮らすことのできる生物の種類が異なります。しかし、現在の地球では、すでに陸地面積の半分以上が放牧地を含む農地として開発されています。そこは、人間が栽培するほぼ1種類の植物が圧倒的に優占する、単純な生態系になっています。農地が放棄されても、必ずしも湿地や森林で暮らす生物にとっての生息・生育場所に戻るわけではありません。

生息・生育場所の喪失は、かつての普通種を含む多くの生物の絶滅リスクを高めています。森林も、材木生産のための人工林の占める面積が増加し、自然性の高い森林はわずかしか残されていません。森の暮しに適応している生物は森が失われれば、湿地に適応している生物は湿地が埋め立てられれば、その地域から姿を消します。

生息・生育場所が残っていても、面積が減少し分断・孤立化すると、残された場所で暮らせる個体の数が減少して繁殖が難しくなります。そして、面積の減少から推察される以上に個体群の絶滅リスクが高まります。

農業がもたらす環境汚染

現代の農業は、有機農業などの環境保全に配慮した一部を除くと、農薬や肥料として合成化学物質を多用します。農地に使用された余剰分が地下水や河川などに流れ出し、地下水、淡水生態系、さらには海洋を汚染します。水域では、農薬などの毒物（除草剤、殺菌剤、殺虫剤）による汚染や、過剰な施肥による栄養汚染が水生生物の生存を脅かします。

気候変動による豪雨が増えています。北欧での最近の研究では、農地の土壌に吸着している農薬が、豪雨の際に土壌とともに河川に流入し、水生昆虫に多大な影響を与えることが明らかにされています。河川への農薬の流入は、地下水を経由したルートもあります。

かつて使用され、強い毒性をもつために使用を禁止された農薬が、今でも地下水や河川水、海洋生物などから検出されます。生物に毒性をもつ化学物質は、環境中に残留し、蓄積しているのです。

一方で、肥料に由来する窒素化合物やリン化合物による栄養汚染は、湖や海洋の閉鎖的水域で植物プランクトンの大発生をもたらします。水を濁らせるだけでなく、大量の死骸の分解に、水中の酸素が消費され、湖や浅海の底層を低酸素、無酸素状態の、生物が生きることのできない空間にしてしまいます。

海洋生物へのプラスチック汚染の影響も懸念されています。ＩＰＢＥＳ（生物多様性と生態系サービスに関する政府間科学政策プラットフォーム Intergovernmental science-policy Platform on Biodiversity and Ecosystem Services）の報告書によれば、海棲哺乳類の43パーセント、ウミガメの86パーセントの種が、深刻な影響を受けているとされています。漁業による混獲とともに、海洋汚染はウミガメや海獣の絶滅リスクを複合的に高めています。

勝ち目のない進化的軍拡競走

医療の現場で抗生物質を多用することで、抗生物質に耐性のある細菌が増えています。さらには、いくつもの抗生物質に耐性をもち、感染者の治療が抗生物質によってできない細菌が進化し、手づ

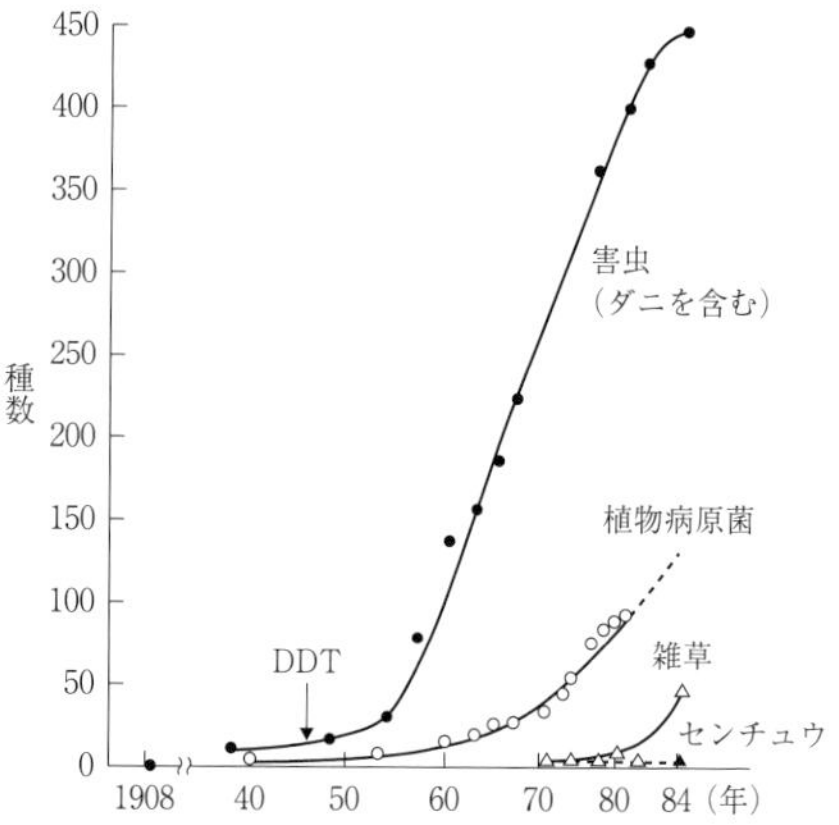

図1-3　農薬（殺虫剤・殺菌剤・除草剤など）に抵抗性のある害虫・植物病原菌・雑草の増加（Geoghiou & Mellon, 1983より改変）

まり状態をもたらしています。

　農業の現場でも、殺虫剤、殺菌剤、除草剤など「生物を殺す」化学物質を次々に開発して環境中に放出してきた「軍拡競走」では、ヒトが劣勢にならざるを得ません。農薬に抵抗性のある害虫・植物病原菌・雑草は、増加の一途をたどっています（**図１-３**）。除草剤が使われるようになったのは１９７０年代ですが、２０１９年８月現在、２５８種で異なる薬剤への抵抗性を示す５０２タイプの抵抗性雑草が認められています（国際除草剤抵抗性雑草調査　http://www.weedscience.org/）。

　細菌や昆虫などのように、世代時間が短く個体数の多い生物は、抵抗性を短期間で適応進化させるので、それに化学的に対抗しようとすれば、常に新しい「毒」を開発して環境に放出しなければなりません。すでに環境中には、地下水や海洋を含めて夥しい種類の生物に、毒性のある化学物質が蓄積しています。しかも、それらの複合的な影響は十分には明らかになっていません。

　前述のロックストロームらは、化学物質のもたらす環境問題を重要なものとしてあげています。しかしながら、定量的に評価できなかったのはそのためです。生物を殺す毒を増やし続ける現代の農業の戦略は、決して持続可能であるとはいえません。

　日本の農業は、世界的にみても面積あたりの農薬や化学肥料の使用量がとくに多いことが特徴です。現代の通常の農業が生物多様性の喪失をもたらすみちすじを、広く認識されている影響をもとに図1‐4にまとめてみました。環境への負荷の大きい農業を「自然と共生」できる営みに変えるためには、消費者がこの問題にしっかりと目を向けることが大切です。このことは第4章で述べます。

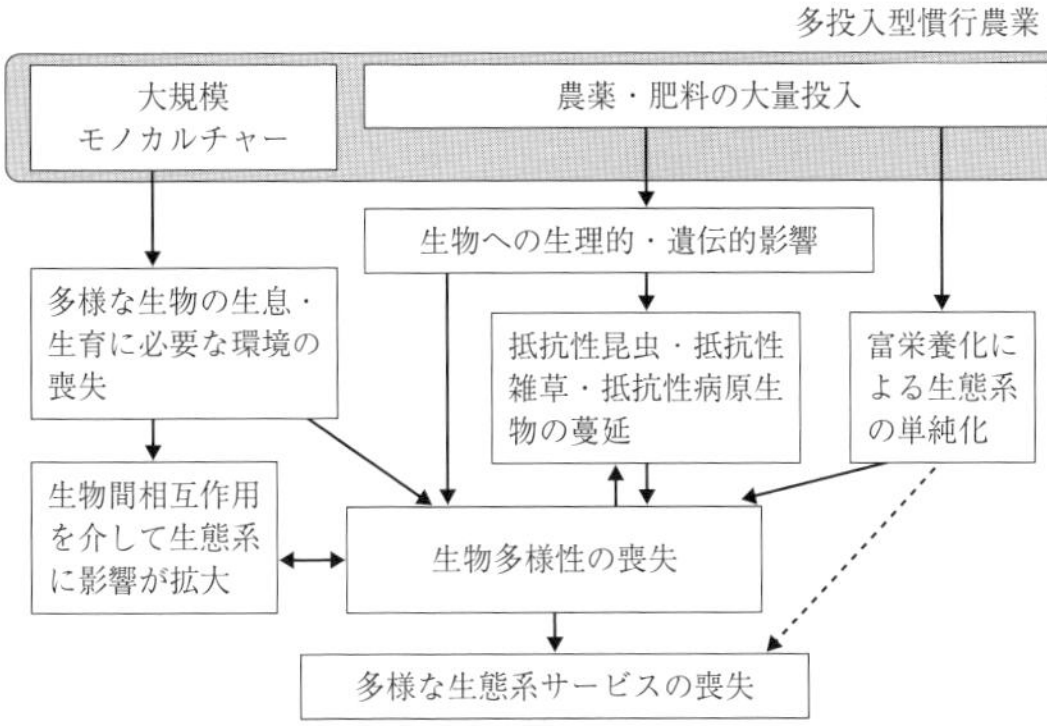

図1‐4　現代の通常の農業がもたらす生物多様性と生態系サービスへの潜在的な悪影響．広く認められている影響を矢印で示す

外来生物が脅かす生物多様性

絶滅のリスクは、さまざまな人間活動の影響が複合してもたらされますが、一次産業による直接的・間接的な環境負荷が、とくに重要な要因であることを、ここまでに説明しました。

絶滅のリスクには、産業用に導入された外来生物が、侵略的な外来生物として大きな影響を及ぼす例もあります。食料生産用に導入されて遺棄されたウシガエルやアメリカザリガニなどは、スポーツ・フィッシングのために導入されたブラックバスなどの侵略的外来生物とともに、ため池など、里地・里山の水辺の水生生物に絶大な影響を与え、身近な水辺の生態系を大きく変えてしまいました。

水産資源の保護・増殖のために放流が行われます。このとき、放流対象種のみならず、混入しているほかの種を含めて、別の水域から国内外来生物を持ち込むことが少なくありません。一方で、単純な人工的な飼育環境で単一の餌を与えられて生き残った個体には、強い人為選択（コラム2‐1参照）がかかっているため、放流は遺伝的な多様性を喪失させます。それだけでなく、複雑な野外の環境に、不適応な個体を個体群に加えることとなり、水産「資源」としての劣化をもたらすことも懸念されます。

淡水生態系の危機

日本では、川や湖沼などのほか、水田や農業用のため池・水路を含めた淡水生態系の危機が、ほかの生態系にも増して深刻です。すでに述べた汚染や外来生物の影響とともに深刻なのは、水域間の連続性、水域と陸域の間の連続性が、コンクリートの構造物や護岸によって大きく損なわれていることです。

季節や成長段階に応じて、異なる水域間を移動しながら生活する淡水魚をはじめ、多くの水生生物の暮しが成り立たなくなっています。それは湖で暮らし、産卵のため春に氾濫原湿地の代替地としての水田にのぼっていた、コイやフナなどの淡水魚が、湖・用排水路・水田の間に設置された人工構造物がつくる段差のために移動を妨げられ、繁殖ができないなどの問題です。

人工化と埋め立て――海岸線の改変

７０００近くもの島から構成されている日本列島は、面積に比して長い海岸線をもち、景観の美しさだけでなく、海と陸が出合う海辺は、ヒトの暮しに欠かせないさまざまな自然の恵み(生態系サービス)をもたらしてきました。

古来、暮しに重要だった海辺の地形を表す言葉も豊かです。しかし、古歌に詠まれた各地の潟、浦、津、渚、磯などのうち、現在でもその姿を保っているものは、残念ながら多くはありません。とくに、ここ70年あまりの間には、埋め立て、コンクリート護岸化、消波構造物の設置などにより、海岸の人工化が急速に進んでいます。不名誉なことに、日本は「世界一の速度で海岸の自然を損なった」国になってしまったようです。

古来、人びとが享受してきた「海の幸」も、とくに干潟など汽水域の恵みは大きく損なわれました。ハマグリが絶滅危惧種になっていることは、

図1-5　奄美大島の土砂の採取地

その喪失を象徴するものです。

今でも残されている自然海岸、とくに世界的なホットスポット（本来固有性の高い生物多様性を擁しながら、その喪失の危機も高まっている地域）でもある南西諸島の干潟や珊瑚礁を守ることは、とくに重要な課題です。現在、沖縄県で辺野古米軍基地の建設に向けて埋め立てられようとしている大浦湾は、とりわけ恵み豊かな浅海域です。ジュゴンとその生息を支える海草類やサンゴなどに象徴される生物多様性を、後の世代にそのまま残すことが必要です。奄美大島など、埋め立ての土砂の採取地でも自然が損なわれています（図1-5）。

ラムサール条約登録湿地の湾の風景

「国土強靱化」の政策のもと、東日本大震災の被災地のみならず、今後、災害に見舞われる可能性があるとして、全国各地の海岸線や河口部をコンクリートで固める工事が行われています。これは、現代の日本社会に特有の現象ともいえます。世界に目を転じれば、「生態系を活用した防災・

減災」が、コストもかからず多様な利益をもたらす手法として注目されています。このことは第２章で改めて述べます。

　宮城県南三陸町の志津川湾とその周辺（５８０ヘクタールあまり）は、東日本大震災後に指定された三陸復興国立公園の海域公園地区であり、２０１８年にはラムサール条約登録湿地に登録されました。親潮、黒潮、対馬海流が流れ込む湾内は、底質の違う海域がモザイクをなし、岩礁の藻場には北方系のマコンブや南方系のアラメなどの海藻が育ち、砂泥地にはアマモ場がみられます。日本で冬を過ごす二千数百羽のコクガンのうち２００～３００羽ほどが、この湾で越冬します。

　志津川湾には、志津川などいくつかの河川が流入していますが、いずれの河川も下流域が河口部までコンクリートで護岸され、陸域からの湾への砂の供給が絶たれています。アマモの生育に必要な砂地の維持は難しく、防潮堤の海側にわずかな面積で整備された人工海浜から流れ出る砂が溜まる場所に辛うじてアマモ場が維持されているようです。人工海浜の砂がどこから導入されたものなのかも気になるところです。全国各地で行われている人工海浜の整備に伴い、海外を含めて砂を採集した地域の生物が持ち込まれ、目立たない小さな生物の外来生物問題を引き起こしているからです。

　岩礁に育つ海藻類の生育環境は損なわれていないため、湾内の多くの場所でワカメが養殖されています。アマモなどの海草を好むとされるコクガンですが、２０１８年の冬に訪れたときには、ワカメの筏の周りに集まって餌をついばんでいました。

2　生物多様性から学ぶ・活かす

生物多様性から学ぶ力

地球に棲むすべての生物は、共通祖先であるごく単純な単細胞生物から、長い年月を経て、現在、わたしたちが認識している多様な生きものとなって、命をつないできました。多様化にあたっては、単なる偶然だけでなく、生物がほかの生物（生物環境）を含め、そのときどきの環境が課すさまざまな試練を「自然選択による適応進化」（コラム2-1・3-3参照）によって乗り越えたことが、大きく関わっています。そのおかげで、生物が表しているさまざまな形質、形態や構造、化学成分、生理的能力、行動などは、その生物が生きている環境の中で生き残り子孫を残すのに都合のよいものになっています。そして、そこには課題解決のための「さまざまな知恵」が満ちています。40億年にものぼる長い年月の中で、さまざまな環境で試されたそれらの知恵は、わたしたちヒトにとっても有用です。前著『〈生物多様性〉入門』には、それを利用する「生物模倣技術」を紹介しました。それから10年、応用研究はますます盛んになっています。

生物の知恵に学ぶには、つぶさに自然を観察しなければなりません。その観察眼の鋭さを、今に残されたスケッチからうかがい知ることができるのは、レオナルド・ダ・ヴィンチです。人体を描くにも、解剖による科学的な知見を重視し、科学と芸術の統合を成し遂げたレオナルドが残した「手稿」は、彼が自然の事物を鋭い観察眼で見つめたことを伝えるものです。長年にわたり熱心に取り組んだ飛行機械の設計では、鳥とコウモリの観察から多くのヒントを得ました。体重に比べて筋肉量の少ないヒトが鳥のように飛ぶことは不可能なことに気づくと、羽ばたきによる飛行を諦めて滑空を研究し、多くの観察とアイデアをメモに残しました。その夢は未完のまま終わりましたが、コウノトリの飛行の観察からヒントを得てグライダーを発明し、19世紀にそれを実現したのはドイツのオットー・リリエンタールでした。

知恵を活かすヒトを育む環境

レオナルドは「自然の造形よりも美しく、簡素で、目的にかなった発明は決して生み出せない」「自然の造形には欠けたものも、余分なものも何一つないからだ」との記述を「手稿」に残しています。機能によく合った、生物の形や仕組みをよく理解していたが故の言葉です。

つぶさに観察ができる多様な生きものが身近にいなければ、自然を見つめてさまざまなアイデアを得ることはできません。レオナルドが育ったのは、イタリアの美しい「さとやま」。トスカーナ地方ヴィンチ村で、幼少のころから、そこで多様な生きものに目を向けることで、天才として成長できたのです。

村には、今でもレオナルドが幼少のころに見ていた景色が残っているそうです。写真を見ると、そこは、遠くの山並みをのぞむ緩やかな丘陵地にオリーブ畑、ブドウ畑、小規模な樹林などが「モザイク」をなすさとやま（里地・里山）であることがわかります。多様な環境が組み合わされた、さとやま空間は、生物多様性が豊かであるに違いありません。観察からアイデアを得るための「知の力」「理解の力」を育むのにふさわしい環境です。

現在の日本では、里地・里山地域から生物多様性が失われる一方で、子どもが生きものに目を向けるチャンスが失われているようです。「生物多様性の持続可能な利用」をそれぞれの場所で適切にデザインできる人材を育てるためには、良好な自然環境を残し再生するとともに、そこで豊かな体験ができるような教育・学習の機会が提供される必要があります。その実践については第4章で扱います。

コラム2-1　自然選択による進化

環境によく合った生物の形質(戦略)が進化するのに、第一に作用するのは自然選択です。自然選択は、特定の形質(たとえば緑色の体色)が、特定の環境(緑の葉が生い茂る森)のもとで生き残り、多少なりとも多くの子を残すという世代内での形質と適応度(子の数で表される次世代への貢献度)の関係を意味します。それが、遺伝する形質であれば、同じ環境で世代を重ねると、この形質が集団内で優勢になっていきます。自然選択をもたらす環境(この例では森の色)の作用を選択圧とよびます。

品種改良では、自然選択よりも強い選択圧(人為選択)を、ヒトが一貫して作用させることで、短い期間にヒトが望む形質を進化させます。イヌは、1種の野生のイヌから作出されたとは思えないほど異なる外見をもちます。愛玩用なのか、ウサギを巣穴に追い込む猟犬なのか、用途に応じて、それによく合う外見が人為選択されています。なお、ダックスフントやトイプードルなど短足のイヌについては、その奇形をもたらす遺伝子が明らかにされています。

19世紀のイギリスの生物学者チャールズ・ダーウィンは、品種改良における人為選択と同じように、環境が作用してその環境によく合う形質が進化することを見抜きました。そして、自然選択による進化を論じた著書『種の起源』ではまず、品種改良された家畜・家禽を扱っています(図2-1)。

30
byrdes, gav frugtbare Bastarder, det synes mig at være at gaa til Yderligheder.
Af disse forskjellige Grunde, nemlig Usandsynligheden af, at Mennesket tidligere skulde have faaet syv eller otte
antagne Arter af Duer til at yngle i tæmmet Tilstand — Arter, som slet ikke kjendes i vild Tilstand, og som ikke forvildes nogetsteds, Arter, der i visse Henseender have

図2-1　『種の起源』に描かれたカワラバトから人為選択でつくられた品種(DARWIN ONLINE より)

生態系サービスの活用——気候変動対策

生態系のはたらきは、ヒトにとってのさまざまな便益である生態系サービスを生み出します。それを有効に活用するにも、将来にわたって活用のポテンシャルを維持するにも、生態系のはたらきを十分に理解することが必要です。ここでは、気候変動への対策に関わるサービスを取り上げます。

気候変動は激しい豪雨などの「異常気象」の頻発・常態化などを通じて、すでにヒトの生命と暮しの安全を脅かすようになってきました。それらは今後、ますます激化していくと予想されており、対策は喫緊の課題です。

気候変動への対策は、二つのタイプに分けられます。気候変化を危機的な水準にまで進めないように抑制する「緩和策」と、すでに進行しておりさらに加速すると予想される気候変化のもとで安全な暮しを維持するための「適応策」です。

緩和策には、大気中の温室効果ガスの増加を抑えるための発生源対策と、植物による吸収と植生・土壌への有機炭素の蓄積を促す「吸収源」対策があります。後者はまさに、生態系サービスの活用です。有効に活用するためには、生態系における植物間の競争や、植物と生物間相互作用をする動物の効果にも目を向けることが必要です。吸収源対策といえば、日本では、木を植えてつくる人工林をイメージしがちですが、土壌を含む生態系全体が担う「二酸化炭素の吸収・貯留」サービスを、持続的に発揮させる対策が重要です。

「適応策」は、すでに気象災害が頻発するようになり、今後さらに激化することが予想される中で、命と暮しを守る対策です。生態系を活用する適応策にしっかりと目を向けることは、持続可能な社会を築く上でのもっとも重要な課題の一つではないかと思います。

これらの対策で生態系サービスを活用するには、生態系のはたらきを生物多様性と関連させて理解し、生物多様性の保全・回復と統合して、計画することが重要です。そのために目を向けることが必要な、生態的関係の二つのキーワードをコラム2-2で説明します。

コラム2-2　「生きものたちを結ぶ糸」と「動的モザイク」

生態系のはたらきを理解する上で、まず二つのキーワードが役に立ちます。一つは生きものたちを「結ぶ糸」——生態系を成り立たせている多様な生物間の関係、すなわち生物間相互作用です。ある生物は、ほかのさまざまな生物と関係を結んでおり、それらはその生物にとっての生物環境を構成しています。

生物間の関係で、誰もがまず思い浮かべるのは「食べる—食べられる」の関係でしょう。餌と消費者、あるいは捕食者との関係ですが、特定の種の生物は、多様な餌を食べる一方で多様な生物の餌になるため、そのネットワークは食物網として表すことができます。

生態系の中には「食べる—食べられる」の関係（食べる側が食べられる側より小さく、体内や体表に棲む場合は「寄生」とよびます）や、競争（生活に必要な資源の奪い合いを意味します）など、どちらかが「損をする」関係だけでなく、互いに、あるいは少なくとも一方が「得をする」共生関係も多く、それらにも目を向けることが必要です。植物の授粉や種子分散を担う動物は、生態系の植物の構成に大きな影響を与えるため、生態系の構造と機能にとってとくに重要です。一方で、動物の授粉や種子分散を必要としない侵略的な外来植物が増えて猛威を振るう可能性もあります。

もう一つのキーワードは「動的モザイク」（シフティングモザイク）です。生態系が、空間的に不均一（場所による違いがある）であり時間的にも変動しますが、全体としてみると同様の多様な要素からなる構成が安定的に保たれることを表します。

生態系をモザイクにたとえていますが、それは性質の違うパッチ（小区画）が集まってできているとみるからです。それぞれのパッチは時間とともに変化しますが、それを駆動するのは「ギャップ動態」で

図 2-2　奄美大島の 4 月の森林(提供：井上遠氏)

す。

「ギャップ」は植生の中にできる「隙間」ともいえる明るい空間です。森林のギャップは強風で木が倒れる、大雨で土砂崩れが起こるなど、自然の作用でできることもあれば、伐採などの人間活動で生じることもあります。自然では、火山の大爆発などでしかあり得ないような広大な面積のギャップが、皆伐によって生じることもあります。ギャップとなったパッチでは、土壌中に残っていた種子や栄養体、ギャップの外から分散してきた種子から植物が再生し、時間とともに植生が変化していきます。ギャップは、自然性の高い森林に囲まれていて小さければすみやかに森林に戻ります。しかし、そのパッチの樹木が周りよりも若いという特徴は持続します。樹木は樹齢に応じて樹冠を発達させるので、リモート・センシングで空から樹冠サイズの空間分布を調べることで、モザイクの現状をとらえたり、撮影年代の異なる空中写真を用いて動態の分析をしたりすることができます。

ここで、世界自然遺産への登録をめざし、新しい国立公園に地域指定された奄美大島の森林を例に動的モザイクのイメージを描いてみます。

日本の南西諸島は台風の影響を強く受けます。奄美大島の民家は、屋根が低く、地形に逆らわない独特の建て方が特徴です。台風の強風を、逆らうことなく受け流すためです。台風の風雨は、森の樹木をなぎ倒し、急峻な斜面では土砂崩れをもたらします。数本の樹木が倒されることも、斜面全体が裸地になることもあります。台風がつくりだす大小さまざまなギャップには、生育に明るい環境を必要とする樹木（先駆樹種）が育ち、そこは影響を受けなかった森林域とは異なる樹種からなるパッチとなります。

それらのパッチでは、新たに芽生えた樹木が成長し樹種の交代も起こります。一つひとつのパッチは変化しますが、毎年のように台風の襲来で新たなギャップが生じるので、森林全体のモザイクの構成が維持されます。部分は時間とともに変化するのに対し、全体の構成はそれほど変化しません。

ヒトが森林を伐採するようになると、伐採がギャップ形成の主な原因になります。伐採の頻度や規模が、パッチの規模と性質、森林の動的モザイクのあり方を決めますが、どのような樹種で構成されているかも重要です。自然性の高い森林域は限られていますが、スダジイの種子供給源がふんだんに存在し、伐採後、比較的すみやかに生育するので、スダジイが優占する成立時期を異にする二次林が広い面積を占めているのが、奄美大島の森林の特徴です（**図2-2**）。

炭素吸収・貯留と大型の哺乳動物

植生による炭素隔離作用（炭素貯留）には、大型哺乳動物が重要な役割を果たします。それらの動物の絶滅リスクは、気候変動対策にとっても憂慮すべき問題です。

イタリアのトスカーナ大学の研究者チームは、北コンゴで植生構造と種間競争について、17年間にわたって研究を続け、炭素貯留にゾウが重要な役割を果たすことを見いだしました。

ゾウは森の中で植物を踏みつけたり木を倒した

りして、植物の種間競争に影響を与えます。ゾウの生息密度が高いと、森にはゾウに抵抗性のある樹木、すなわち、ゆっくり成長し、材の堅い樹木が増え、炭素をより多く貯めるようになります。コンピュータ・モデルで再現すると、１平方キロメートルの範囲にゾウが1頭生息していれば、森は１ヘクタールあたり45トンも多くの炭素を貯められることがわかりました。中央アフリカの森林全体について積算すると、その量は3億トンになりますが、それはイギリスの14年分の炭素放出量にあたります。

19世紀初期、中央アフリカの森林には１００万頭のゾウが生息していました。現在は10万頭にまで減少しており、減少は今も続いています。それは、森の炭素貯留能力の低下をも意味するのです。

果実を食べて種子の分散を担う動物の役割は、ギャップ動態にとって重要です。森の炭素貯留に果実食の動物が大きな影響を与えることを示す研究成果も少なくありません。南アジアでは、ギボンやマカクなどの霊長類ほかの果実食の動物が、樹木の種子分散を担います。ギボンやマカクなどの霊長類が消えると、森の炭素貯留は2・4パーセント程度減少すると予測されています。

これらの研究成果は、生態系サービスを緩和策に活かすためには、植物のみならず、森林生態系の構成要素である動物の役割を認識することが重要であることを示しています。

適応策とグリーン・インフラストラクチャー

生態系サービスを活用した適応策のうち、防災・減災に関わる対策は自然インフラストラクチャーもしくはグリーン・インフラストラクチャー（グリーン・インフラ）とよばれます。グリーン・インフラは、１９９０年代半ばころから、アメリカ合衆国で積極的に使われるようになった社会インフラ整備の手法です。それは、自然環境を活かす計画手法です。北アメリカではそのころ、グレイ・インフラ（コンクリートによるインフラ）の代表、大規模ダム建設の時代が終焉を迎えました。それ以前からはじまっていた、河川や大湿地帯の自然再生事業を含め、今では多くのグリーン・インフラ事業が実施されています。

　グリーン・インフラは、土地利用計画において、自然のプロセスを十分に理解し、それを尊重する手法です。生態的、経済的、社会的な利益をできるだけ多く確保することをめざします。たとえば洪水防止のためには、従来の手法であるダムや堤防などの建設に代わって、スポンジのように水を吸収する効果をもつ湿地を活用します。湿地は二酸化炭素の吸収源となり、生物多様性の維持に大きく貢献します。水質浄化に役立ち、緑地として、バード・ウォッチングなどの自然とのふれあい、多様なレクリエーションの機会も提供してくれます。まさにＳＤＧｓがめざすマルチベネフィット（複数の課題の統合的解決をめざすこと）を確保できる対策です（第５章）。

　２０１３年10月、ホワイトハウスが「連邦政府の意思決定へ自然インフラストラクチャーと生態系サービスを組み込む」というタイトルのメッセージをブログで発表しました。「自然環境が社会と経済を支え、守っている」として、ルイジアナの沿岸湿地の、洪水被害から守る効果が何十億ドルにも及ぶことなどを例示し、自然インフラと生態系サービスの重要性を強調しました。

EU生物多様性戦略とグリーン・インフラ

　ヨーロッパ連合（ＥＵ）は、２０２０年を目標年とするＥＵ生物多様性戦略（２０１１）にグリーン・インフラを位置づけ、それを積極的に利用していくための「戦略」を２０１３年に採択しました。

　日本で開催された生物多様性条約ＣＯＰ10で採択された世界の新戦略計画では、２０５０年までの長期目標であるビジョンを、日本が提案した「自然と共生する世界」と定めています。しかし、ＥＵの戦略では、より具体的なビジョン――「２０５０年までにＥＵ領域の生物多様性とそれが提供する生態系サービスが、生物多様性の存在価値（intrinsic value）と人間の豊かな暮し（human well-being）と経済的な繁栄への貢献ゆえに、保護され、価値を認められ、それによって、生物多様性の損失を原因とする破局的な変化を回避できる」が掲げられています。「グリーン・インフラ戦略」は、そのビジョンの実現にとって重要な戦略と位置づけられています。水の浄化、生産性の高い土壌の維持、質の高いレクリエーションの機会の提供などの多様な生態系サービスを地域社会にもたらす、豊かで健やかな暮しにとって重要な生態系のはたらきを保全し、もし損なわれているのであれば再生すること、と規定されています。

生態系インフラストラクチャーとさとやま

日本で「緑」といえば、緑化や造園、植林などと関連させて使われることが一般的です。そのため、そのような誤解を生まないように、日本学術会議自然環境保全再生分科会が提言「復興・国土強靱化における生態系インフラストラクチャー活用のすすめ」(２０１４年)を公表した際には、グリーン・インフラの代わりに「生態系インフラ」という新造語をつかいました。

日本学術会議には、専門別に30の分野別委員会があり、その下に、さらに細分化された専門の分科会が設置されています。統合生物学委員会と環境学委員会が合同で管理する分科会に、自然環境保全再生分科会があります。これは、生物多様性の保全や自然再生に関する学術分野を広くカバーしています。

東日本大震災後の日本では、国際的動向とは方向性の異なる従来型のインフラ整備が活発化しています。生物多様性・生態系リテラシーの低さに加えて、インフラ整備に関わる官民学一体で政治家も関与する強力な利益誘導システムの存在が、その理由として疑われます。

かつての日本では、伝統的な知恵にもとづくグリーン・インフラが一般的でした。里地里山の土地利用は、模範的な生態系インフラです。建材、飼料、肥料とする植物資源や稲作のための水資源を確保するための空間である樹林、草原、湿原、水辺等は居住地や農地を災害から守る緩衝地としても寄与していました。河川の氾濫原のオギ原や

図 **2-3**　北上川河口付近のヨシ原．東日本大震災・大津波のあった **2011** 年 **12** 月の様子．堤内地は大きな被害を受けたが，河原では通常年と同じようにヨシの刈取り作業が行われていた

ヨシ原（図**2-3**）は、茅や葦などの資源の採集地としてだけでなく、水害から集落や農地を守る役割も果たしていました。崩壊のおそれのある山際など、災害のリスクにさらされやすい場所はススキ草原の茅場として利用・管理されていました。

地形に応じて河口に発達する干潟は、魚介類などの自然の恵みを育むとともに、水質浄化など多くの生態系サービスを提供していました。自然資源の採集地が開発され、市街地などになり自然災害への脆弱性が高まったことが、コストをかけてコンクリート構造物を建造しなければならなくなった理由の一つでしょう。

コンクリートから生態系へ

国際的には、自然災害の緩衝帯として湿地や干潟、マングローブ林などを保全・再生するグリーン・インフラは、「生態系を活用した防災・減災 ecosystem-based disaster risk reduction」として、その重要性がますます強く認識されています。そのような空間は、栽培しなくとも自然に旺盛に生育する植物のバイオマス資源などの採集場所としたり、風景や生物多様性の豊かさを楽しむレクリエーションの場としたり、水質浄化の機能を活かすなど、日常的にさまざまな生態系サービスを享受する場として有効に活用できます。

生態系が健全なはたらきを発揮・維持できるように手助けする生態系インフラは、その整備段階でもメンテナンスにおいても、ほかの手法と比べてコストが小さく、同時に多様な利益を地域社会にもたらします。人口が密集した都市域を除けば、建設費・用地取得費などの貨幣価値で測れるコストが小さく、生態系の機能を妨げる不可逆的な環境変化をもたらさないという環境コストの点からも、さらに得られる生態系サービスの便益においても、長期的にみた社会的利益はコンクリート構造物に比べて格段に大きいと考えられます。投資される費用の多くが、調査・モニタリングおよび管理作業のための人件費であり、長期的にみた雇用創出効果が大きい点も、人口減少が急速に進む日本の地方において、「合理的な判断」にもとづけば、当然選択されるべき手法であるといえるでしょう。

ところが、「国土強靱化」のスローガンのもと、グレイ・インフラが猛烈な勢いで水辺をコンクリート化しつつあるのが現状です。

生態系を活用した防災・減災については震災直後の２０１２年に上梓した拙著『震災後の自然とどうつきあうか』（岩波書店）にくわしく述べました。さとやまの土地利用にも学び、生物多様性の保全・回復にも寄与する生態系インフラに目が向けられることを望みます。

3　消費者としての実践と持続可能な農業

第1章で、農業などの第一次産業が大きな環境負荷を介して生物多様性、ひいては持続可能性を脅かしていることを述べました。その問題の解決は、消費者の選択と行動にかかっています。それは、誰もが日常的に取り組むことのできる実践の機会です。しかし、消費者が地球や地域にやさしい商品を選択するためには、環境に配慮し生物多様性の保全・回復に寄与する方法で生産する生産地の取組みがなければなりません。

それと関連した、生物多様性に配慮してブランド化する、持続可能な農業の実践を紹介します。

消費者としての日々の食品の選択

現代のわたしたちは食物の多くを購入して消費しています。その生産から消費までの過程が持続可能なものであるべきであるという目標は、ＳＤＧｓの目標12「つくる責任・つかう責任＝持続可能な生産消費形態を確保する」に掲げられています。誰もが日常的に行っている消費は、商品の選択次第（自ら生産することも含めて）で、生産現場における環境負荷を抑制できる可能性があります。一次生産がもたらす環境負荷が大きいだけに、持続可能な社会・地球を維持する上でもっとも重要な課題の一つであるともいえるでしょう。

伝統的食生活vs欧米型食生活

かつての農業（畜産を含む）の生産物は、それぞれの土地の風土にあわせて生産され、その土地もしくは近隣で「地産地消」されていました。植民地のプランテーションにおいて、宗主国で消費される農産物を生産する時代を経て、現在では、国際貿易により生産地から消費地へ地球規模で消費される農産物が増え、大規模単作栽培による農業生産が広がっています。それが、地球環境を脅かしていることは第1章で述べました。

何を食べるかの選択は、地球環境と自分の健康の両方に大きく関わる重大な問題であり、日々の慎重な選択が必要です（コラム3－1）。「健康な食生活」は、病気のリスクを減らすだけでなく、気候変動の緩和にも役立ち、生物多様性の保全にも寄与します。なお、日本の伝統的な食生活は「健康な食生活」であり、現代の欧米化した食生活には改善の余地があることは、広く認識されるようになりました。

コラム３－１　何を食べるか――健康や気候変動への影響

ヴィーガン・ダイエット、すなわち乳や蜂蜜も含めてすべての動物由来の食品を避けて、植物由来の食品だけを摂取する食生活は、健康維持にとっては問題もありますが、成人病の予防に加えて温室効果ガスを減らす効果が大きいと考えられます。オックスフォード大学の研究チームは、地球上のヒトのすべてがただちにヴィーガン・ダイエットをするようになるだけで、食料生産関連の年間の温室効果ガス放出量は２０５０年までに、２００５から２００７年の年間放出量の半分になると試算しています。食料生産由来の温室効果ガス放出量は、全地球の放出量の4分の1を占めており、そのうちの80パーセントは家畜の生産に由来するものだからです。

肉を多く食べ、果物や野菜をあまり食べない欧米型の食生活は、心臓循環器系の病気やガンを発生させるなどの健康上の問題があります。肉の消費を減らすように食生活を変えることは、健康、地球環境、経済、すべてにメリットがあると考えたことが、この研究のきっかけとなりました。試算には、ＦＡＯ（国連食糧農業機関）やＷＨＯ（世界保健機関）のデータや既存の疫学やライフサイクル分析の研究成果を利用しています。

　現在のような食生活の傾向が続くとすれば、温室効果ガス放出量は、２０５０年には現状より51パーセント増加します。もし、ヴィーガンやベジタリアン（肉や魚を食べない菜食主義者）にまでならなくとも「健康な食生活のための国際ガイドライン（ＦＡＯ）」に沿った食生活をすれば、現状の７パーセント増にとどまると予測しています。研究グループの試算によると、健康な食生活シナリオでは２３４０億ドル、ベジタリアン食生活シナリオでは５１１０億ドル、ヴィーガン食生活シナリオでは５７００億ドルの温室効果ガス削減を介した年間の経済効果が得られます。

　しかし、それよりも大きいのは、健康の維持を介したメリットです。欧米の食生活と比べて健康な食生活では現状より７３５０億ドル、ベジタリアン食生活では９７３０億ドル、ヴィーガン食生活では１兆ドル以上の医療費削減ができると予測されました。冠状動脈性心臓病、脳卒中、Ⅱ型糖尿病、がんの罹病率を下げるからです。食生活を通じた健康改善による年間死亡数の減少は、健康食生活では５１０万人、ベジタリアン食生活で７３０万人、ヴィーガン食生活で８１０万人と試算されました。

農作物取引と絶滅リスク

　絶滅リスクは生物多様性のもっとも明瞭な指標です。特定の作物の生産によって絶滅のリスクが生じている絶滅危惧種の数により、地域ごとに、生産活動の影響を評価できます。地域別のリスクと生産物の輸出先を分析すれば、どの国の消費者が、どの輸入食料の消費によって生物多様性を脅かしているかが明らかになるのです。

　輸出入の統計から、農産物などの消費地と生産地を関係づけることができます。50億件ものサプライ・チェーン（供給連鎖）を分析した結果、パーム・オイル、コーヒー、茶、砂糖、バナナ、魚な

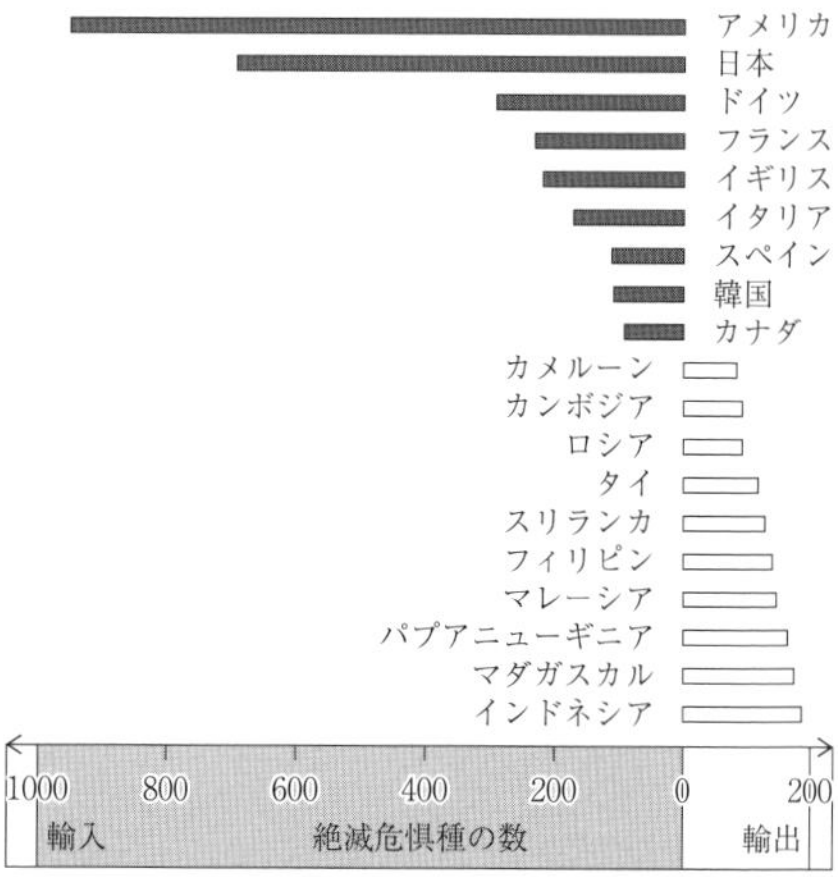

図3-1　農産物等の輸出入で脅かされる絶滅危惧種(Lenzenら，2012より改変)

どの熱帯地域での生産プロセスで、地球規模の絶滅危惧種の30パーセントにもあたる絶滅リスクが生じています。そして、先進国の消費者が、それに間接的に加担していることがわかりました。つまり逆にいえば、計算上では先進国の消費者の商品選択により、リスクを3分の1減少させることができるのです。

　輸出による絶滅危惧種の数が多いのは、インドネシアが第１位で２００種に上ります(**図3-1**)。輸入によって絶滅リスクを高めているのは、第１位がアメリカ合衆国で約１０００種、日本は約７００種で第2位です。裏を返せば、日本の消費者の選択次第で、地球規模での絶滅リスクを軽減する余地が大きいといえます。

コーヒーの持続的生産・消費

　今日、世界でもっとも消費量の多い飲料は、熱帯原産のコーヒーです。日本でも、毎日必ずといってよいほど、家またはカフェでコーヒーを飲む人は少なくはないでしょう。日本におけるコーヒー消費量(生豆換算)は、２０１８年には47万トンで、そのほとんどが輸入品です。多くは熱帯林を伐採して造成したプランテーションで、農薬を多用し単一栽培で生産されたものです。そのようなコーヒーを消費すれば、意図せずして熱帯地域の生物多様性の損失に加担してしまいます。

　最近では、生物多様性豊かな森を再生しながらコーヒーを栽培する取組みが、中南米の生物多様性ホットスポット(本来は生物多様性が豊かでありながらその危機も高まっている地域）をはじめとして広がりつつあります。授粉昆虫のサービスが十分に得られるため結実量が多く、生産者にも経済的な利益が大きい「生物多様性を活用したコーヒー生産」ですが、そのようなコーヒーを選択すれば、生物多様性の保全に寄与できます。

自然再生の一環として進められ、サクセスストーリーとして注目を集めている取組みを、次に紹介します。

ゴロンゴーザ再生プロジェクトとコーヒー生産

アフリカ東南部のモザンビークには、ブンドゥジ川をはじめとするいくつかの河川が広大な氾濫原をつくっています。植民地時代にここは、宗主国ポルトガルの狩猟地でした。サバンナ、森林、湿地、湖などの生態系を含むその一帯は、１９６０年にモザンビーク初の国立公園、ゴロンゴーザ国立公園になりました。当初は、アフリカゾウ、ライオン、スイギュウ、カバ、インパラ、シマウマなどが数多く生息する「ロスト・ワールド」ともいうべき生物多様性豊かな国立公園でした。しかし、１９７０年代半ばころに内戦が起こり、多くの野生動物が殺戮されました。１９９２年に停戦が合意されたものの、密猟が横行し、また、周辺地域の住民が不足する食料を補うために罠をしかけるなど、動物たちの危機は続きました。

事態が好転し始めたのは２００４年。自然科学と人間科学の統合や環境保護について数多くの著作で活発に意見を述べるエドワード・O・ウィルソンの、この地での研究に心を動かされた、アメリカの実業家グレゴリー・C・カー主宰の「グレゴリー・C・カー財団」が「ゴロンゴーザ再生プロジェクト」を開始してからです。カーは、モザンビーク政府とも協定を結び、生物多様性を保全・再生するだけでなく、国立公園周辺に暮らす人びとに、医療・教育の機会、農業技術の付与や雇用創出などの恩恵をもたらす総合的な活動を展開しました。数多くの診療所や学校を設置し、女子教育を重視した特徴ある社会プログラムを実践しています。今では、この地域にふさわしい動物たちが、

図3-2　氾濫原よりゴロンゴーザ山を望む．右下はコーヒー栽培の様子

その数を回復させつつあり、自然再生事業は成功裏に進められています。

ゴロンゴーザ山は、氾濫原の水源です（図3-2）。２０１０年に国立公園に編入されましたが、その山麓では森林伐採や焼き払いによる農地開発が続きました。財団は、伐採跡地でコーヒーを栽培しながら森を再生する計画を進めています。コーヒーの木だけでなく、適度な日陰をつくる緑陰樹となる在来の樹木の森を再生し、自然再生とコーヒー栽培を両立させます。コーヒー栽培に適した気候のもと、地元の住民１８０人が雇用され、技術的な支援を受けながら栽培に従事しています。収穫されたコーヒーは、国立公園と密接な関係をもつ企業「プロドゥトス・ナトゥラス」が、よい値で買い取り、加工して卸売りしています。

日本の消費者の課題と水鳥の生きものブランド米

日本食の中心で、多くの日本人が毎日食べている米についての取組みもあります。日本食中心の食生活は、欧米ほど畜産に依存していないため、

「健康な食生活」の範疇に入ります。しかし一方で、第1章で取り上げたように、水田とその周りの水辺における生物多様性の低下が最大の懸念事項となっています。米の通常の生産過程（慣行栽培）は、残念ながら、多くの絶滅危惧種を生むような環境負荷をもたらしています。都市でも見られるアカトンボが、稲作地帯からは消えてしまったことがそれを象徴しています。

国のレベルで農業の環境負荷を減じる方策は、世界的には農家に国や州などが直接支払いをする農業環境政策です。欧米ではその政策が充実し、生物多様性保全と矛盾しない、持続可能な農業が保護されています。それに対して日本の農業政策は、むしろ国際競争力を高めることに重点が置かれ、生物多様性の保全とは矛盾する大規模化・効率化、近代的農業施設の整備・維持などに多くの補助金が投じられています。生物多様性保全と矛盾しない農業は、地域や農家が独自に工夫しながら取り組む分野となっており、消費者の積極的な応援なしには成り立ちません。

コウノトリ、トキ、マガンなど、大型の水鳥をシンボルとして、環境保全に寄与する農業に挑戦する地域が広がりつつあります。作物の商品価値を「生物多様性」によってブランド化し、手間暇がかかっても生物多様性を損なわない農業を経済的に成り立たせる試みです。

氾濫原湿地の代替としての水田

水鳥によってブランド化される米の意味をより深くとらえるために、まず、生態系としての水田と生物多様性について概観します。

水田は、稲作が始まったころには谷筋や沖積平野の氾濫原に、そこの自然の条件を活かしてつくられていました。稲作暦に応じて定期的に水位が変動する安定性の高い水田には、本来、氾濫原湿地の沼などを暮しの場としていた動植物が棲みこみ、生息・生育場所として利用するようになりました。池沼の植物は水田雑草となり、水田は、氾濫原の沼と川を行き来している淡水魚の産卵場所になり、ゲンゴロウなどの水生昆虫や両生類も幼生期を過ごすようになりました。樹林と隣接し、毎年、同じ季節に水が張られ、降水に関わらず水深が維持される安定した水域は、トンボやカエルなどの生息に適した環境です。浅い水域は、コウノトリなどの水鳥の採餌場所にもなります。

水田の周りにも、ため池や水路が淡水生態系ネットワークをつくっており、水田が乾かされる季節にも、水生生物が暮らせる水域があります。かつての水生昆虫の豊かさは、水田を中心とする水辺のネットワークに支えられていたのです。

しかし、乾田化のための圃場整備が行われ、農薬が多用されるようになり、いつのまにか水田からは生物の賑わいが消えました。

マガン越冬地でのふゆみずたんぼ

生物多様性ブランド米発祥の地の一つは、宮城県大崎市田尻地区(旧田尻町)です。この地区の蕪《かぶ》栗沼《くりぬま》は、冬鳥としてシベリアから渡ってくるマガンの、日本における最大の越冬地です(**図3-3**)。ガンの渡りは明治時代には、東京を含め全国各地でみられました。しかし、湿地が失われるにつれ越冬の場を失い、現在の主要な越冬地は蕪栗沼と近隣の化《け》女沼《じょぬま》や伊豆沼など、東北地方の一部だけとなりました。マガン数万羽が蕪栗沼と近隣の沼をねぐらにするのは、ほかにねぐらに適した沼が残されていないからです。

蕪栗沼では１９９０年代、治水のための浚渫《しゅんせつ》が計画されました。田尻町(当時)は、沼に隣接する耕作放棄水田を湿地にもどすことで、治水容量を確保するという選択をしました。それは「生態系を活用した防災・減災」の選択です。隣接する、圃場整備がなされた水田では、冬季に湛水して沼の代替とする「ふゆみずたんぼ」という伝統的な農法を現代に活かす画期的な農法が採用されました。

乾田化された水田には、稲刈り後には水がありません。ふゆみずたんぼは、冬季に水が張られるため、微生物から水鳥までさまざまな生きものが、そこを沼のようにして暮らせます。田植えのころには、トロトロ層と名づけられた、やわらかい泥の層が積もり、抑草効果（雑草が生えにくくなる効果）や施肥の効果を発揮します。農業上のメリットも大きく、その後、全国各地の環境保全型農業をめざす水田に広がっています。

コラム3-2　海外のふゆみずたんぼとその効能

水田は、生産が行われている面積だけでも17億ヘクタールにものぼる、世界的にみても大きな面積を占める農地です。通常は水を落とす冬季に湛水すれば、一年中湿地として機能させられます。湿地で冬を過ごす水鳥の生息の場として、北東スペインのエブロ・デルタやカリフォルニアのアメリカ最大の稲作地帯でも冬季湛水が行われています。

エブロ・デルタは、地中海沿岸の水鳥の生息地として重要な湿地帯ですが、その面積の約65パーセントが水田として開発されています。現在では、ＥＵの支援を受けて、湿地に生息する動物の生息条件を確保し、農薬の影響を低減するため、晩秋から冬にかけて4カ月間は水が湛められます。湛水は、乾田で問題になりがちな塩害を防ぐ効果があることも利点です。その湛水面積は、2万4000ヘクタールに及び、フラミンゴの大きなコロニーを含む5万羽の水鳥がデルタ湿地で過ごします。

カリフォルニアの水田地帯でも、稲を刈ったあとに残った切り株や根を腐らせて分解させ、また水鳥の生息場所とするために11月から3月までの間は水が張られます。最近の研究では、冬季湛水しない水田に比べてイネの害虫であるイネミズゾウムシの幼虫が半減することも明らかにされています。また、水田から発生する強力な温室効果ガスであるメタンの放出を、年によっては90パーセントも削減できることもわかり、これらも冬季湛水の有利な点として認識されています。

図3-3　**蕪栗沼でのマガンの朝の飛び立ち（提供：NPO法人蕪栗ぬまっこくらぶ）**

持続可能な水田農業を支える伝統的水管理システム

　蕪栗沼周辺の水田は、２００５年に沼とともにラムサール条約登録湿地に登録されました。現役の水田が湿地として認められたことには大きな意義があります。

　生物多様性保全、あるいはＳＤＧｓにおける目標15（2ページ）に関わるメッセージを発信する効果の大きい蕪栗沼周辺水田での実践は、２０１７年に大崎地域が「持続可能な水田農業を支える「大崎耕土」の伝統的水管理システム」として、世界農業遺産に登録されるにあたっても重要な評価ポイントだったと思われます。

　田尻地区では、農薬に頼らない斑点米対策を行うための研究が、農家との協力で、保全生態学を専門とする若い研究者によって進められました。そこで得られた「生態系全体に目を向ける害虫管理」のためのヒントをコラム３-３に紹介します。

コラム3-3　生態系に目を向けた害虫防除

図3-4　斑点米被害(右)とそれをもたらすアカスジカスミカメ(左)(提供：吉岡明良博士)

日本で行われている農業は一般に、農薬に頼って害虫や雑草や菌類を抑制します。しかし、農薬は標的とする生物だけを殺すわけではありません。標的以外の多くの生物に影響を与えて生物多様性を損ない、生態系のバランスを崩し、多岐にわたる問題を生じさせます。害虫・雑草は、個体数が多く、世代時間が短いため適応進化を起こしやすく、頻繁に使われる農薬への抵抗性は、短期間のうちに進化することは第1章でも述べました。殺虫剤に抵抗性のある害虫や、除草剤に抵抗性をもつ雑草は増加の一途をたどっており、新農薬の開発と抵抗性進化の軍拡競走では、ヒトに勝ち目はありません。

農地だけでなく生態系全体に目を向け、化学的手段に頼らない害虫防除(コントロール)が求められています。そのためには害虫の生態をよく知らなければなりません。

近年、国内では、カメムシの一種アカスジカスミカメ(**図3-4左**)などによる、出穂期のイネの斑点米

（図3-4右）被害の防除にネオニコチノイド系の農薬が多用されています。ヒトへの健康影響やミツバチへの影響に加え、水田とその周辺では、地域の多くの昆虫やクモがこの農薬の空中散布の犠牲になり、生物多様性保全上の多大な負の影響が懸念されます。

蕪栗沼周辺の水田で、地元の農家の協力を得て実施された、保全生態学の若手研究者、高田まゆら博士と吉岡明良博士らの研究により、次のようなことがわかりました。

(1)アカスジカスミカメは、水田で繁殖することはなく、主な発生源は、外来牧草のネズミムギやホソムギなどが繁茂する耕作放棄地などの空き地や牧草地である。

(2)牧草の植物の穂を餌および産卵場所とし、1年に数回発生する。

(3)外来牧草が生える休耕地や牧草地などで、越冬して増殖し、イネが出穂するころに一時的に水田に侵入して斑点米被害をもたらす。

現在では、農業地域には耕作放棄地や転作牧草地など、外来牧草が生い茂る場所が少なくありません。斑点米の被害が最近になって拡大したのは、これをもたらすカメムシ（アカスジカスミカメ）発生源の増加によるものと推測されます。研究で明らかにされた生態学的知見にもとづけば、害虫個体群の成長を抑える根本的な対策として、次のようなことが推奨されます。

(1)発生源における個体群成長を抑制するため、牧草が出穂したらすぐに刈り取る。

(2)越冬地となる草地で冬季に火入れを行う。

(3)水田でアカスジカスミカメを効果的に捕食するクモ類の生息を損なわないよう農薬の使用を控える。

生物多様性の保全と矛盾することのない、生態学的な原理にもとづく、「生態系全体に目を向ける」対策のための害虫研究は、持続可能な農業のための重要な研究テーマです。

コウノトリの野生復帰への取組み

　コウノトリは、翼を広げると2メートルにもなる大型の水鳥です。「赤ちゃんを連れてくるコウノトリ」は、ヨーロッパ・アフリカに分布するシュバシコウで、50万羽ほどが生息しています。それに対して、シベリアと日本を含む東アジアを生息域とするコウノトリはわずか２０００羽程度に減少し、絶滅のリスクがきわめて高い現状にあります。極東でもっとも希少な鳥でもあり、ロシアのレッドリストにも掲載されています。おもな生息域のアムール川流域では、最近、コウノトリの繁殖期に野火が頻発するようになり、巣が燃えて卵や幼鳥が犠牲になるケースが増えています。ＷＷＦロシアが定点観測用のＣＣＴＶ(closed-circuit television)カメラで巣を監視したところ、高い送電塔の上の巣で辛うじて繁殖が成功していることがわかりました。

　日本では、コウノトリは１９８０年代にいったんその姿を消しました。農薬の影響や営巣に適したマツの木の不足が原因と推測されています。その後、ロシアから譲り受けた個体をもとに、増殖の努力が続けられ、２００5年にはじめての放鳥(飼育した鳥を野生に放すこと)による野生復帰が試みられました。そのころ、シベリアからやってきて、ハチゴロウという愛称を与えられた野生のコウノトリが、兵庫県豊岡市の人たちに、野生の暮しぶりを見せ、生息環境の整備のヒントを与えてくれました。死亡後にも永く記憶にとどめるため、豊岡市がコウノトリの生息環境を整備した湿地公園は「ハチゴロウの戸島湿地」と名づけられました。

　放鳥された後の野外での繁殖は、豊岡市とその近隣で順調に進み、野生で生まれたコウノトリは、日本各地や朝鮮半島にも飛来するようになりました。２０１８年以降には、豊岡市とその周辺だけでなく、島根県雲南市、徳島県鳴門市、福井県坂井市でも野生での繁殖が成功しました。

　２０１9年の夏には、日本の空を１８０羽を超えるコウノトリが飛ぶまでになり、東アジア個体群の再生に向けた日本での取組みは、着実に進んでいます。それを支えているのは、環境保全に配慮した農業です。

コウノトリ育む農法と生息環境の再生

豊岡市では、水田をコウノトリの餌場とするための「コウノトリ育む」農法を推奨しています。この農法は、「ふゆみずたんぼ」の流れを汲むもので、できるだけ長い期間、水田に水を張ります。オタマジャクシがカエルになって、水田から出て行くころまで中干しを延期します。川と水田の間に魚道を設けて魚が行き来できるようにするなど、水田の「湿地」としての機能に配慮しています。農薬や化学肥料の使用を控え、コウノトリの餌を確保します。地域への経済的なメリットは、第一に米のブランド化ですが、それ以外の産品もコウノトリによってブランド化されています。

コウノトリの野生復帰と生息環境整備の取組みは、千葉県野田市や福井県越前市でも進められています。越前市では、コウノトリの主要な餌であるドジョウを地域の各所から採集して、遺伝子を分析し、地域特有の遺伝子型をもつドジョウのみを増やすことにするなど、生物多様性に十分に配慮した取組みを進めています。

米など、地域の産品を購入したり、使用目的を指定してふるさと納税をすることで、誰もがコウノトリの東アジア個体群の再生に参加できます。より積極的な参加は、コウノトリを市民や子どもたちが見守る市民科学です。くわしくは、次章で紹介します。

4　持続可能な未来のための自然環境学習と市民科学

地域において、生物多様性の保全などの計画・実践を担う人材には、自然環境に関する深い洞察力に加えて、多様な主体と協働するための相互理解力や、実践をコーディネートできる実行力が必要です。自然を深く、また社会的課題を広く理解できる人材が育つには、自然環境や生物多様性、保全の取組みを入口に、自分の住む地域を見渡す学習の機会が重要です。

一方で、日本の子どもたちに、今とくに欠けているのは、自然環境や野生の生きものについての自然誌（ナチュラルヒストリー）の学習の機会ではないでしょうか。それをどのように補うかは、現在の日本にとって重要な課題の一つであると思われます。

自然誌学習のニーズ

大学で40年近く生態学の教育にたずさわってきて、最近とくに憂慮しているのは、昆虫嫌いの若者の急増です。関心を寄せるどころか、虫を見たら追い払うか、殺さなければならないと思う若者が増えていることには、危機感すら覚えます。幼少期から殺虫剤のテレビコマーシャルにさらされていることもその一因かもしれません。虫嫌いの増加は、生物多様性を認識する能力の衰えを象徴する現象であるともいえそうです。

内閣府の平成28（2016）年度生物多様性認知度等調査によると、この10年、大人の自然環境への関心は低下し続けています。学校教育から、野生の生きものとのふれあいの機会が失われて久しいことが、この現状をもたらしているのではないかと思います。これらの問題の克服には、幼少期からの自然誌学習の機会をできるだけ増やすことが必要であると思われます。

自然誌は野外で生きものや自然を観察することから始まります。生態学や進化学は、それを基礎に発展します。また、生物多様性を守るためにも広い意味で自然誌が欠かせません。生きものとその環境をつぶさに観察し、それぞれの生物とその暮らしを生態系における関係のネットワークに位置づけることができる人材が必要です。そのための自然環境学習は、今の日本では、幼少期から大学生まで、すべての段階で不足していると思われます。

模擬体験からはじまる自然誌実習

若い人たちの自然体験不足を大学教育で補うにはどうしたらよいのか、大学教員のわたしにとっては重要な課題の一つです。中央大学理工学部人間総合理工学科の教員として保全生態学の教育に5年間たずさわり、定年退職を迎える最後の年度に、学科の学生80名全員が参加する必修科目の室内実習「自然誌実習」で、それを試みました。それは、ビデオによる野外調査・採集の模擬体験に、昆虫と餌植物との生物間相互作用を飼育実験で観察することを組み合わせたプログラムです。

対象として選んだのは、奄美群島の固有種のツユムシのアマミヘリグロツユムシです。

奄美大島でのこれまでの研究を通じて、アマミヘリグロツユムシは、小型のフクロウであるリュウキュウコノハズク（**図4-1**）の子育ての時期の主な餌であることがわかっています。アマミヘリグロツユムシの幼虫は、アカメガシワなど、森林ギャップ（コラム2-2）に生育する落葉樹の葉を餌にして成長することもわかっています。

１９８０年代まで盛んに森林伐採が行われた奄美大島の森には、林道が縦横に走っています。それは、幅数メートルの細長いギャップの連続体です。台風などでできるギャップとは、形状が異なるだけでなく、植生の発達で塞がることのない、自然界にはないタイプのギャップです。ギャップの明るい環境に生育する先駆樹種など、多様な落葉樹が林道に沿って生育しています。リュウキュウコノハズクが繁殖期を迎えるころ、目を凝らすとそれらの葉の上に、鮮やかな黄緑色のツユムシ（**図4-2右**）の幼虫が見つかります。

模擬体験には、林道沿いに調査しながらツユムシと餌植物を採集する様子をビデオで撮影した動画を用いました。実習を指導するスタッフが、奄美空港に降り立ってから車で移動し、いくつかの調査地や林道脇で昆虫やクモを観察したり、実験材料を採集したりする場面を撮ったものです。

実験と多様な観察

実習では、学生たちは、まず、ビデオを視聴し、調査と実験材料の採集を疑似体験します。その後、アマミヘリグロツユムシの幼虫による餌の選択と成長過程を、餌の消費と体重を測りながら観察します（**図4-2左**）。飼育箱に入れた幼虫1匹にそれぞれ2種の餌植物の葉を与え、食痕の面積、幼虫の体重および糞塊の排出量、脱皮の有無などを定期的に記録する実験です。ガイダンスをもとに、学生たちは仮説を考え、それにもとづく実験としました。

虫が嫌いだった学生たちも、1匹ずつに名前をつけ、熱心に観察・実験に取り組みました。模擬体験により、実験が奄美の森とつながったようです。

不完全変態をするアマミヘリグロツユムシにとって、脱皮は試練でもあり、うまく皮が脱げず後脚を失い、その後、弱って死んでしまうものもいます。学生たちはそんな様子も観察して記録しました。

幼虫は、ギャップに多い先駆樹種の代表であるアカメガシワの葉を与えたものがよく成長しましたが、クサギ、ヌルデ、エゴノキなどの落葉樹の葉も食べることがわかりました。成虫になると奄美の森を構成する主要な高木樹種であるスダジイも食べました。

実際のフィールドワークを経験させることができれば、さらに高い教育効果を期待できるはずですが、人数、時間、費用などを考えると80人の必

図 4-1　リュウキュウコノハズク（提供：井上遠氏）

図 4-2　アマミヘリグロツユムシ（右）とビデオを用いた実習風景（左）

修科目では現実的ではありません。2泊3日の野外実習を含む、選択必修の科目も担当していましたが、指導可能な学生の数はせいぜい20人くらいまでです。また、交通費等、学生には経済的負担がかかってしまいます。ここで紹介した調査・採集の模擬体験と飼育・実験・観察を組み合わせる実習であれば、室内でやや人数が多くても実施可能です。

幼稚園児から大学生までのプログラム――ビオトープ孟子のチャレンジ

和歌山県海南市でのこと。舞台には、まるで飛び出す絵本のようにカラフルな樹林、草原、水辺など生きものの生息場所がしつらえられていました。そこに登壇したのは「さとやまようちえん」の園児たち。ため池や里山で観察して描いた好きな生きものの絵が舞台のあちこちに置かれています。園児たちは名前を呼ばれるとそれぞれ自分の絵を取ってきて客席に向けて掲げ、その生きものの名前と、どうして好きなのかを発表しました。

図４-３　NPO 法人 自然回復を試みる会・ビオトープ孟子の発表会でのさとやまようちえん園児の発表（提供：**NPO 法人 自然回復を試みる会・ビオトープ孟子**）

それは、海南市で活動するＮＰＯ法人 自然回復を試みる会・ビオトープ孟子《もうこ》が運営する、小さい子どもたちに自然誌学習の機会を提供する「さとやまようちえん」の活動の発表の様子です。女の子たちにはアオスジアゲハが人気で、「青い模様が素敵だから」と、それぞれが個性的な絵を披露しました。男の子が描いたトノサマガエルの口には緑色の虫が描かれ、「バッタを食べるのがかっこよかった」と発表しました。カタツムリの一種、イセノナミマイマイを描いた女の子は「くるくるした形が好き」と言います。なお、このような発表会は、ＮＰＯ法人の簡素なビジターセンターで実施されるものも含めて毎年行われています（**図４-３**）。

次に登壇したのは同ＮＰＯ法人が運営する「わんぱくくらぶ」に参加する小学生20人ほどです。やはり、「くらぶ」の活動で観察した生きものについて発表しましたが、昆虫だけでも、オトシブミ、ショウジョウトンボ、ハイイロゲンゴロウ、ギンヤンマ、ラミーカミキリなど。それぞれが観察したことを発表しました。

それに続き、和歌山県立向陽中学校理科班の生徒たちが野鳥調査の結果を発表しました。このＮＰＯ法人が、年齢層を問わず、地域の子どもたちが生きものと触れあう機会をつくる活動で着実に成果をあげていることがわかるのは、その活動に参加し、成長した若者たちと話をしたときです。自然環境に対する関心をもち続けて大学院生になり、市民参加の外来生物の野外調査と対策の中心を担っている若い研究者がいます。小学生のころから活動に参加し、中学生になって以降、独自にアオバズクの生態調査もしている卒業生は、周りの大人から、将来、研究者か県の自然史博物館の学芸員になって活躍することを期待されていますが、本人の夢は無農薬栽培の農家になることだそうです。

将来が楽しみな若者たちが育っていることは、同ＮＰＯ法人の自然誌学習の取組みが「人づくり」で大いに成果をあげていることを確信させてくれます。なお、同ＮＰＯ法人が海南市の孟子不動谷で実施している「自然再生」の取組みは、拙著『にっぽん自然再生紀行』(岩波書店)でも紹介しました。

中学生たちのチャレンジ
——アフリカツメガエルの排除

生物の教科書でお馴染みのアフリカツメガエルは、動物にはめずらしい４倍体(同じ形の染色体を４組もつ)です。最近、ＤＮＡ全塩基解読の結果、そのゲノムは、すでに絶滅した近縁２種のツメガエルのゲノムから構成されていることがわかりました。それら絶滅種２種のツメガエルが同一祖先から分化したのは３４００万年ほど前、アフリカツメガエルにつながる雑種が生まれたのは１８００万年前ごろと推定されています。親の種の両方が絶滅したのにアフリカツメガエルが生き残ったのは、雑種強勢(雑種第一代が、大きさ、耐性、多産性などで両親よりも優れた形質を表す)の好例といえるでしょう。そのためか、野生化すると、しぶとい侵略的な外来生物として振る舞います。

アフリカツメガエルは、実験材料としてだけでなく、ペットとしても飼育されており、現在では、世界各地で野生化し生物多様性を脅かしています。日本でも、何カ所かで野生化がみられます。

和歌山県田辺市の鳥の巣半島（吉野熊野国立公園区域に指定）のため池群にもこのツメガエルが侵入し、生態系への影響が懸念されています。その調査と排除活動に熱心に取り組んでいるのは、県立田辺高等学校・中学校生物部の中学生たちです。自然環境学習の指導に熱心な先生の指導が効を奏し、根絶をめざしてかけた罠の延べ数は4年間に４７０、捕獲したツメガエルは６６００匹にものぼるとのこと。調査の結果、トンボのヤゴを含む多様な水生昆虫を食べていることがわかりました。ため池の水抜き（カイボリ）に加え、泥の中にもぐっているカエルに息継ぎをさせないよう、底に網を張るなど、工夫を重ね、地域の方たちの協力も得ながら対策を続けています。

和歌山県の里山保全の事業で鳥の巣半島を訪れた際、中学生たちにため池群を案内してもらい、排除活動やアフリカツメガエルの知られざる生態について教えてもらいました。泳ぐ姿が魚のような流線形で、主に水の中で暮らしているというイメージの強いアフリカツメガエルですが、陸上の移動も苦手ではなく、校庭を歩かせる実験では、何百メートルも移動したとのことでした。陸上を歩いて新たなため池に侵入する可能性が示されたことになります。中学生のこの取組みは、わかやま環境大賞など、いくつもの賞を受賞しています。

小学校でのコウノトリ環境学習

福井県では、越前市の施設で育てたコウノトリの幼鳥を放鳥する際、県民から募集して名前をつけています。２０１５年の秋に放鳥された「げんきくん」と名づけられた雄のコウノトリは、野生で生まれたり、放鳥されたりしたコウノトリのうち、2歳になるまでにもっとも長い距離を移動した「元気な」コウノトリです。2夏を東北地方で過ごし、1歳になる前の冬は韓国で過ごしました。

図4-4　住宅地の電柱の上で子育てするげんきくんとパートナー

短期間ですが39度線を越えて北朝鮮にも足を延ばしました。2歳になる少し前、東北地方から移動の途中で生まれ故郷の越前市に寄り、京丹後市・豊岡市を通過して島根県の雲南市に落ち着きました。その後、豊岡市生まれの3歳年上の雌とカップルになり、電柱で営巣し、4羽のヒナを育てました（図4-4）。そのころ、野生のコウノトリはすでに１００羽を超えていましたが、豊岡市とその周辺以外の地域でのヒナの誕生は、徳島県鳴門市に次いで、2例目でした。コウノトリ東アジア個体群の再生にとって、記念すべき繁殖の成功と喜びをもたらしてくれたのもつかの間、子育て中に悲劇が起こります。げんきくんとつながって母となった雌のコウノトリが、地元猟友会員に銃で撃たれて命を失ったのです。

　げんきくんは、パートナーが帰らなくなった後も4羽のヒナに餌を与え続けました。しかし、親が2羽揃っていてもヒナ4羽を育てあげることは難しいので、ヒナたちはいったん保護され、巣立ち後に同地で放鳥されました。

　その年の11月、その地区の丘の上にある雲南市西小学校で、巣塔を設置するセレモニーが開かれました。巣塔は、兵庫県豊岡市のＮＰＯ法人「コウノトリ湿地ネット」が小学校に贈ったものです。全校生徒、先生、地元の関係者、コウノトリ湿地ネットのメンバーが見まもるなか、高所作業車にのった作業員がコンクリート柱の上に丸い巣台をのせると、役場や会社を休んで参加した地元の人たち数名がさかんにシャッターを押していました（図4-5）。

セレモニーの最後には、6年生の男子生徒が、自分で撮った写真を見せながら、自宅のすぐ近くに営巣したコウノトリの観察を綴った作文を朗読し、コウノトリは自分たちが守っていくと決意表明で最後をしめくくり、大人たちに感動を与えました。西小学校の校舎の玄関には、生徒たちのコウノトリ見まもり活動を報告する壁新聞と、目撃地点にシールで印をつけた空中写真が掲げられており、目をひきます。

図4-5　巣塔を立てる行事．雲南市西小学校

コウノトリが営巣したことをきっかけに、西小学校では当時の校長（和田邦子）先生が主導して、全校をあげてコウノトリの環境学習が活発に行われました。地域で見まもり活動や餌場となる学校田の整備など、コウノトリを素材とした系統的な環境学習に学校をあげて取り組み、コウノトリの餌に関しては、主要な餌であるドジョウについて、２０１８年に「ドジョウ鑑定団」というユニークな学習を実施しました。

学校の近くの水田・水路から、3～6年生の児童たちが手分けしてドジョウを採集し、専門家にＤＮＡの分析をしてもらい、在来のドジョウであることを確かめました。増やしてもよいかどうかを判断するためです。分析の結果、児童たちが採集した試料のすべてが在来のドジョウであることがわかりました。採集した田んぼの位置に応じた遺伝的な変異についても把握しました。

それから1年半後の２０１９年春には、げんきくんは、新しいパートナーと校庭の巣塔で4羽のヒナを育てました。生徒たちは、その様子を校舎2階の窓から見守りました。

生物多様性と市民科学

　生物多様性を理解しその保全を図るには、自然に関心を向け、そこからさまざまな知識を得るナチュラルヒストリー（自然誌）の見方とそこで得られる知識が欠かせないことはすでに述べました。

　科学の主な担い手が研究や教育を職業とする研究者となり、時間的にも精神的にも十分な自然観察の余裕がもてない現在、自然誌科学は主に市民が担っています。研究者との密接な協力のもと、生物多様性の現状評価や地域における生物多様性モニタリングのためのデータ収集を通じて保全の政策と実践のための現状分析に寄与しているのは市民です。

　とくに、欧米では、社会が必要としている生物多様性に関するデータの収集に市民科学が大きく寄与しています。市民を中心とした調査活動が活発化し、収集されたデータの分析・評価で得られた知見は生物多様性条約に関わる国際的な政策や各国の環境政策の科学的根拠として利用されています。

　イギリスでは、鳥類やチョウを対象とした市民科学のデータが農業環境政策のモニタリングに利用されています。１９９４年に始まった鳥の繁殖期の調査は、決められたルートで決められた時間に行い、見聞きした鳥を記録して報告するプログラムです。古くから続いている鳥の巣調査では、鳥類の繁殖に関する貴重なデータを集めます。

　アメリカの自然保護団体オーデュボン協会とコーネル大学の鳥類学研究室が共同で運営している巨大市民科学eBirdは、オンラインで鳥類に関するデータを集めるチェックリストです。２０１８年までに世界中の鳥類の観察記録5億９０００万件、２０１８年だけでも1億２０００万件もの報告が寄せられました。収集されたデータを研究者が分析して論文を発表するなど、科学研究に利用されています。より広範な種を対象としたiNaturalistとともに絶滅危惧種の保全のための情報としても利用される、科学的にも社会的にも意義の大きい市民科学プログラムです。

表 4-1　生物多様性市民科学がもたらす利益とそのための役割

	利　益	役　割
参加者（個人）	• 認識・世界の広がり • 楽しみ • やりがい＝社会と科学への貢献	• データ収集
科学（研究者）	• 科学的価値の高いデータ （＝広域的・時間的に稠密なデータ）	• モニタリングプログラムの開発・改善 • データベースの整備 • データの科学的活用
社会	• 認識・意識の向上 • 現状評価のための確かな情報 • ビッグデータ	

生物多様性に関する市民科学は、科学、社会、参加者個人にとって多様な利益をもたらしてくれるプログラム（**表4-1**）として、今後ますます発展することが期待されています。

次に紹介する二つの日本の市民科学プログラムは、保全生態学と情報学の協働による実践的な研究の一環として運営されたものです。

東京のチョウを調べる

すでに世界の人口の60パーセントが都市に居住しており、都市への人口集中がますます加速している現在、市民科学プログラムを都市で実践することは、都市住民が自然と積極的にふれ合う機会を増やす点で意義が大きいと思われます。チョウは、人びとにとって身近な昆虫で、園芸植物や街路樹を含む食草・食樹（幼虫の餌となる植物）がある都市にも多く生息し、その色彩や模様から種を同定することも容易です。

「東京蝶モニタリング」は、「市民参加による生き物モニタリング調査（略称いきモニ）」として、

図4-6『ネイチャーガイド 東京のチョウ』

生活協同組合「パルシステム東京」と、保全生態学研究室（２０１４年度までは東京大学、それ以降は中央大学）、情報学の喜連川研究室（東京大学）の３者の協働で運営されています（http://butterfly.tkl.iis.u-tokyo.ac.jp/）。パルシステム東京は、環境意識の高い組合員を多く擁しています。

　調査者は観察したチョウの画像データをインターネット上のデータ・アップロードツールを使ってアップロードします。種の同定が可能な画像を中心としたデータベースは、インターネットで公開されており、誰もが利用できます。

　都市気候のもと、温暖化がいっそう進みつつある東京では、２０００年代にまで東京ではほとんど記録されなかった南方系のチョウが優占度を強めていることなどを、データから読み取ることができます。ツマグロヒョウモンは、花壇などに植えられているパンジーを食草とするので、食草が制約とはならず、東京ですでに３番目に多いチョウになっており、増加し続けています。

　外来生物法で特定外来生物に指定されている南方系のチョウ、アカボシゴマダラは、日本では在来の亜種が奄美群島に分布しています。東京でみられるのは中国産の外来亜種で、関東地方を中心に現在分布が拡大しつつあります。アカボシゴマダラは、心ない放蝶によって導入されたと推測されており、同じくエノキを食樹とするゴマダラチョウやオオムラサキとの競合が心配されています。「いきモニ」では、アカボシゴマダラは、エノキが生えていると思われる緑地から、毎年何件も報告されます。その中には区部の公園が含まれ、すでに東京では普通に見られるチョウになっていることがわかります。

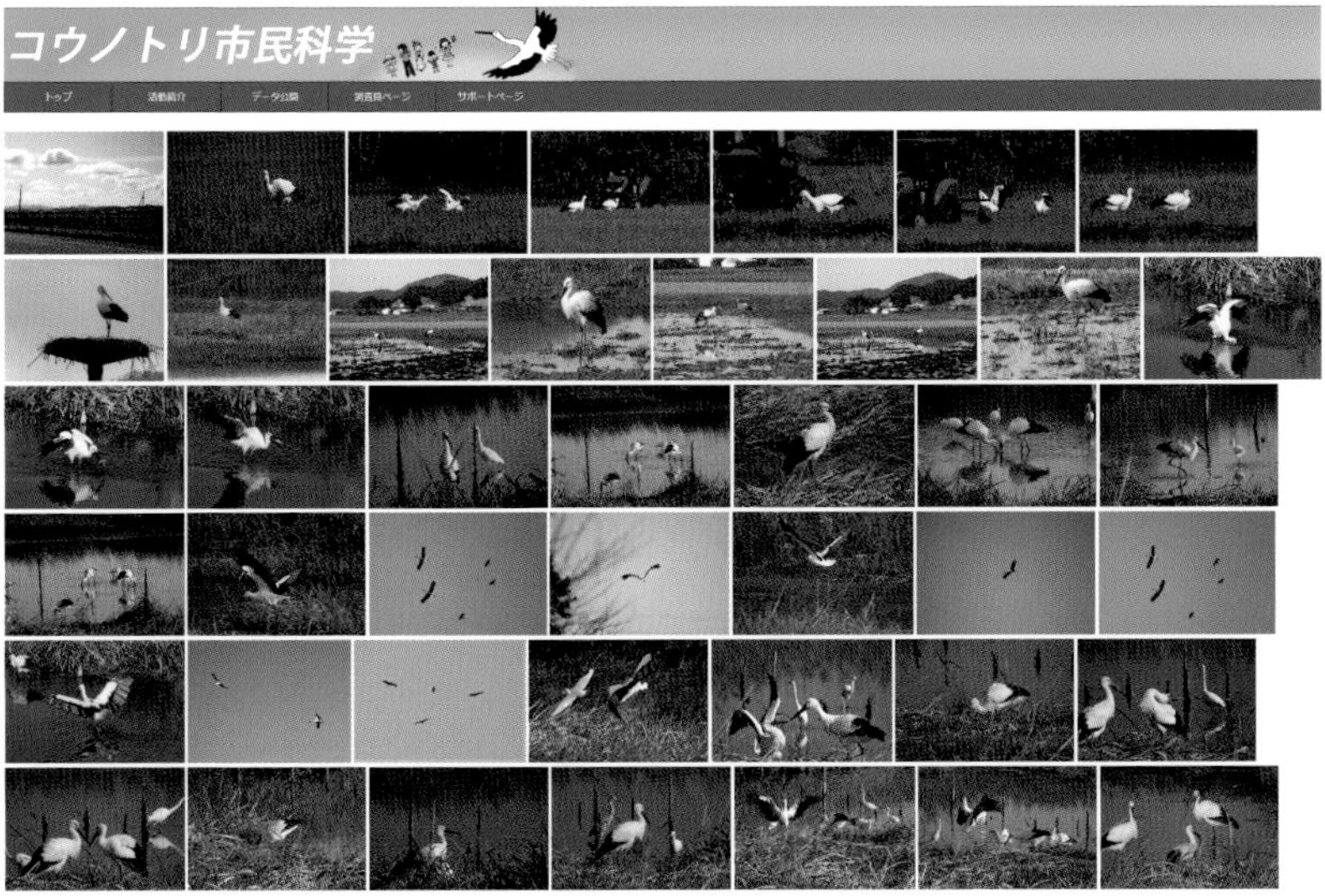

図 **4-7**　コウノトリ市民科学ウェブページ（**https://stork.diasjp.net/**）．画像から個体も検索でき，さまざまな生態・行動情報が得られる

10年近くデータを集めてきて、チョウの分布域の変化が思いのほか速いこともわかりました。食草や食樹が特殊な植物でさえなければ、温暖化が進む昨今、南方系のチョウは確実に北に分布を広げていくでしょう。

いきモニの成果は、データベースに加えて、東京のチョウの写真図鑑として使える『ネイチャーガイド　東京のチョウ』にもまとめられ、インターネットおよび印刷物で公開されています（**図4-6**）。

コウノトリ市民科学への期待

コウノトリの野生復帰への取組みは成功裡に進み、いったんは衰退したコウノトリの野生個体群の再生が進みつつあることをすでに述べました。これまでほとんど知見がなかった野生のコウノトリの生態を科学的に深く理解し、より多くの地域に生息環境整備の取組みを広げて野生個体群再生をいっそう加速させるためには、科学的なデータとその分析・評価、および関心をもつ人びとの間での情報共有が欠かせません。

日本コウノトリの会・東京大学・中央大学協働プロジェクト「コウノトリ市民科学」は、市民参加によるコウノトリの個体レベルのモニタリングプログラムです（**図4-7**）。データの収集と公開を通じて、わたしたちの目前で進みつつある「個体群再生」に関心をもつ市民と研究者が協力してそのプロセスを記録し、現世代のみならず将来世代とも共有しようとする「持続可能性」のための実践です。

市民が観察・記録するだけでなく、データの分析・評価にも参加する「コウノトリ市民科学」が活発に展開すれば、個体群再生に寄与するとともに、将来世代に、貴重なデータを残すことができます。コウノトリの個体ごとのパーソナリティは、遺伝的な背景をもち、個体群の成長と分布拡大に重要な意味をもつと考えられます。そのことを認識し評価できるようなデータは、今後の取組みに重要な役割を果たすと思われます。

5　持続可能な地域社会を築く「自然再生」

国内でも国際的にも重要な目標とされるようになったＳＤＧｓに関しては、複数の課題の統合的解決をめざすこと、すなわち、一つの行動によって複数の側面における利益を生み出すマルチベネフィットが重視されます。「生物多様性の保全」や「自然再生」の実践においても、地域のほかの問題と関連させてマルチベネフィットが得られるよう進めることが重要です。

第３章での水田の自然再生など、ここまでに国内の自然再生の取組みをいくつも紹介しました。この章では、海外の例として、氾濫原湿地を国立公園とし、さまざまな生態系サービスを活用するべく再生をはかっているオーストリア、ウィーン郊外のドナウ・アウエン国立公園と、規模も労力も小さいものの、生物多様性を回復させる効果の大きいイギリスの幽霊池再生を紹介します。自然再生推進法にのっとって進められている、国内の自然再生事業の例も紹介します。

ドナウ・アウエン国立公園
——生態系を活用した防災・減災

国家レベルでの取組みとして、規模が大きく、防災・減災の生態系サービスを活かすことを重要な目的として整備されているのが、オーストリアのドナウ・アウエン国立公園です（**図５－１**）。ドナウ川の氾濫原のうちウィーン市内を含む、長さ約36キロ、面積９３００ヘクタールを区域として１９９６年に設立されました。オジロワシやユーラシアカワウソなど、多くの絶滅危惧種の生息・生育場所ともなっています。今日では、氾濫原の森林は、ヨーロッパにはわずかしか残っていないため、この自然公園の生物多様性保全上の価値が

図 5-1　ドナウ・アウエン国立公園（右：©Kovacs）

きわめて高い一方で、ウィーンの治水対策に重要な役割を担うという、社会的機能も注目されます。また、森での散策や湖での水浴びなど、ウィーン市民のレクリエーションの場として人気があり、子どもたちの自然環境学習にも利用されています。

樹木は芽生えてから枯死後の倒木に至るまで、すべてを自然に任せる管理がなされています。一方で、ドナウ川の増水時には、氾濫水が公園内に入るように堤防や堰が改良されており、この点が氾濫原の自然再生として特筆すべき点です。生物保全上の価値が高い自然公園でありながら、市街地を洪水から守る役割も担う「生態系を活用した防災・減災」の拠点となっているのです。

「幽霊池」の自然再生

次に紹介するのは、ごく小規模な、パワーシャベルを1台使えば一人でも短時間で実施できるような自然再生です。

国土に占める農地面積が76パーセントにのぼるイギリスでは、生物多様性の保全に寄与する農地での多様な実践に対して、直接の支払いが行われる農業環境政策が実施されています。そのなかで、池の保全・再生は選択肢の一つとなっています。小さな湿地でもある池がもつ、生物多様性保全に果たす役割が重視されているのです。

20世紀初頭、イングランドとウェールズに存在していた80万の池の多くが、農業の近代化に伴って埋め立てられました。今に残されている池は、往時の4分の1以下といわれています。4分の3は、幽霊池、すなわちかつては存在したものの現在失われている池になっています。再生には、それほどコストがかからない一方で、両生類や水生昆虫、水鳥などの生息場所が回復され、大きな生物多様性保全上の利益が得られます。

池を再生すると、その地域から消えていた水生植物をよみがえらせることもできます。幽霊池の地中には、水辺の植物のタネや車軸藻類の卵胞子が残されているからです。種子や卵胞子の寿命は長く、再び水辺になれば、シードバンク（種子の貯蔵庫）から多くの植物が発芽して、1～2年のうちに水辺の植生が再生します。生物多様性保全上さらに優れた点は、古い幽霊池のシードバンクには「生き続けてきた池」の植生に優占する侵略的な外来植物が存在しないことです。絶滅危惧種を多く含む一方で、外来植物からは免れている幽霊池は、埋め立てられた時代の植生を現代に再現させるタイムカプセルなのです。

そのような土壌シードバンクは、日本でも、霞ヶ浦の湖岸植生帯の再生や渡良瀬遊水地の湿地再生事業で利用され、その威力を発揮しました。

ノーフォーク州のブレックランドには、氷河期に氷がつくった窪みが池となった「ピンゴ池」など、かつては家畜の水場などとして使われた農用の池が残されています。幽霊池も多く、自然保護団体のノーフォーク・ワイルドライフトラストは、ロンドン大学（ＵＣＬ）の「池再生研究チーム」の研究者の協力を得て、50～１５０年前の池の再生を行っています。研究者は、農地にみられる窪み、作物が植えられていない場所、土壌の色彩などを手がかりに、自然再生の対象にふさわしい幽霊池を見つけます。

放棄里山林・農地の自然再生
――久保川イーハトーブ自然再生

自然再生推進法にもとづけば、情報交換と合意形成の場として協議会を組織し、自然再生全体構想と個別の事業の実施計画をつくれば、民官学を問わず、誰もがイニシアチブをとって、国主導の大規模な公共事業と肩を並べる「フォーマルな」自然再生事業を開始できます。お寺や大学が独自の発想を活かし、行政を巻き込んで進める事業も実施されています。

岩手県一関市の「久保川イーハトーブ自然再生事業地」ではお寺が中心になり、自然再生推進法にもとづく自然再生が行われています（**図5-2**）。ここでの自然再生の主要な手法は、管理放棄されて荒れた土地を地域本来の生物多様性豊かな里山林に再生して維持管理する「樹木葬」墓地の整備です。樹木葬は、協議会会長の千坂げんぽうさんが20年近く前に発案しました。そのための寺院である「知勝院」を開山し、放棄された棚田、牧場、人工林などの土地を購入し、ユニークな自然再生を実践してきました。拙著『にっぽん自然再生紀行』にもその初期の取組みを紹介しています。

事業地内の、今でも生産が行われている棚田の水源は、最上部の小規模なため池で、多くは素掘りで天水や山からのしぼり水を溜めるものです。農薬・肥料も生活用水の流入もない、約６００のため池は、今でも水質がよく水生生物が豊かです。しかし、侵略的外来生物のウシガエルが侵入すると、その池からはゲンゴロウ類、在来のカエルなど水生生物が姿を消してしまいます。自然再生事業では、１２０カ所ほどでウシガエル排除の対策を実施し、生物相を回復させるなどの成果をあげています。

40年以上にわたって放棄されていた棚田を、生物多様性豊かな湿地公園として蘇らせる事業も進めています。トンボ類、水生昆虫、植生が蘇るだけでなく、企業の社員が定期的に作業に参加したり、いくつかの大学の大学生が実習に訪れたりと、生物多様性に関わる実践や調査の場として多くの訪問者があります。

三方五湖自然再生　自然再生協議会の効能

自然再生推進法は、自然再生を始めるにあたって、合意形成のための自然再生協議会を構成することを求めています。自然再生協議会には、事業に参加する団体や個人などが参加し、自然再生の基本方針である「全体構想」（図5-3右）や具体的な取組みの「実施計画」を話し合いによってまとめます。

福井県の三方五湖自然再生協議会は、２０１１年に結成されました。五湖の流域自治体である美浜町と若狭町、市民団体や漁業組合などの民間活動団体、福井県の関係機関、福井県立大学や東京大学および福井県里山里海湖研究所の研究者などがメンバーとなり、五湖の自然を回復させ、その恵みを持続可能な形で利用するための情報交換と活動を続けています。自然再生協議会は、漁業者・農業者・行政担当者など、業種や関心事の異なる主体間の話し合いや共同行事（図5-3左）を通じて、多様な「協働の機会」を提供します。

日常的には「湖と田んぼのつながり部会」「しじみのなぎさ部会」「環境教育部会」など五つの部会が活動をしており、1年に一度開催される全体会で、その活動報告がなされます。２０１９年の春の全体会では、コンクリート護岸に囲まれた五湖の水辺の再生をめざす活動を担う「自然護岸再生部会」が、研究者と関係機関が時間をかけて情報交換して作成しまとめた「手引き」（案）を紹介しました。手引きは、災害復旧等で護岸工事が実施される際に、その工事を自然護岸の再生工事とするために活用される予定です。

自然環境に関するテーマを中軸に、持続可能な地域づくりのための目標と必要な行動を明確にして活動することで、人と人とのつながりが強化され、相互理解と情報交換のための重層的ネットワークが広がります。このような情報交換・相互理解の場は、地域を問わず「持続可能な地域づくり」のためにはなくてはならないものです。

図 5-2　久保川イーハトーブ自然再生事業地．畦(上)と田んぼ(下)

図 5-3　三方五湖自然再生協議会がまとめた全体構想(右)と行事型協働調査(伝統的漁法での魚類調査)の様子(左)

鷲谷いづみ

1950年東京生まれ．中央大学人間総合理工学科教授，東京大学名誉教授．東京大学大学院理学系研究科修了．理学博士．東京大学大学院農学生命科学研究科教授などを経て現職．専門は生態学・保全生態学．現在は生物多様性保全に関する幅広い研究を行う．
著書に『〈生物多様性〉入門』『震災後の自然とどうつきあうか』『さとやま──生物多様性と生態系模様』『にっぽん自然再生紀行──散策ガイド付き』『天と地と人の間で──生態学から広がる世界』(以上，岩波書店)，『サクラソウの目──保全生態学とはなにか』(地人書館)，『大学1年生の なっとく！生態学』『新版 絵でわかる生態系のしくみ』(以上，講談社)，『現代生物科学入門6 地球環境と保全生物学』(共著，岩波書店)など．

実践で学ぶ〈生物多様性〉　　岩波ブックレット 1015

2020年1月8日　第1刷発行

著　者　鷲谷《わしたに》いづみ

発行者　岡本　厚

発行所　株式会社　岩波書店
〒101-8002 東京都千代田区一ツ橋2-5-5
電話案内 03-5210-4000　営業部 03-5210-4111
https://www.iwanami.co.jp/booklet/

印刷・製本　法令印刷　　装丁　副田高行　　表紙イラスト　掃部千鶴・藤原ヒロコ

ISBN 978-4-00-271015-0　　Printed in Japan

読者の皆さまへ

岩波ブックレットは，タイトル文字や本の背の色で，ジャンルをわけています．

赤系＝子ども，教育など
青系＝医療，福祉，法律など
緑系＝戦争と平和，環境など
紫系＝生き方，エッセイなど
茶系＝政治，経済，歴史など

これからも岩波ブックレットは，時代のトピックを迅速に取り上げ，くわしく，わかりやすく，発信していきます．

◆岩波ブックレットのホームページ◆

岩波書店のホームページでは，岩波書店の在庫書目すべてが「書名」「著者名」などから検索できます．また，岩波ブックレットのホームページには，岩波ブックレットの既刊書目全点一覧のほか，編集部からの「お知らせ」や，旬の書目を紹介する「今の一冊」，「今月の新刊」「来月の新刊予定」など，盛りだくさんの情報を掲載しております．ぜひご覧ください．

▶岩波書店ホームページ　https://www.iwanami.co.jp/◀
▶岩波ブックレットホームページ　https://www.iwanami.co.jp/booklet◀

◆岩波ブックレットのご注文について◆

岩波書店の刊行物は注文制です．お求めの岩波ブックレットが小売書店の店頭にない場合は，書店窓口にてご注文ください．なお岩波書店に直接ご注文くださる場合は，岩波書店ホームページの「オンラインショップ」(小売書店でのお受け取りとご自宅宛発送がお選びいただけます)，または岩波書店〈ブックオーダー係〉をご利用ください．「オンラインショップ」，〈ブックオーダー係〉のいずれも，弊社から発送する場合の送料は，1回のご注文につき一律650円をいただきます．さらに「代金引換」を希望される場合は，手数料200円が加わります．

▶岩波書店〈ブックオーダー〉　☎049(287)5721　FAX 049(287)5742◀